Wolfgang Sprößig / Andreas Fichtner
EAGLE-GUIDE
Vektoranalysis

EAGLE 019:

www.eagle-leipzig.de/019-sproessig.htm

Die im Wissenschaftsverlag
Edition am Gutenbergplatz Leipzig (EAGLE)
erscheinende Lehrbuchreihe
"EAGLE-GUIDE / Mathematik im Studium"
wird herausgegeben von Bernd Luderer.

Reihen-Start mit fünf Neuerscheinungen
Ende 2004 / Anfang 2005:

B. Luderer
EAGLE-GUIDE Basiswissen der Algebra

M. Fröhner / G. Windisch
EAGLE-GUIDE Elementare Fourier-Reihen

W. Sprößig / A. Fichtner
EAGLE-GUIDE Vektoranalysis

J. Resch
EAGLE-GUIDE Finanzmathematik

J. Thierfelder
EAGLE-GUIDE Nichtlineare Optimierung

Siehe auch:

www.eagle-leipzig.de/guide.htm

www.eagle-leipzig.de/verlagsprogramm.htm

www.eagle-leipzig.de/interview.htm

www.eagle-leipzig.de/glossar.htm

Edition am Gutenbergplatz Leipzig

Gegründet am 21. Februar 2003 in Leipzig. Im Dienste der Wissenschaft.

Hauptrichtungen dieses Verlages für Forschung, Lehre und Anwendung sind:
Mathematik, Informatik, Naturwissenschaften, Wirtschaftswissenschaften, Wissenschafts- und Kulturgeschichte.

Die Auswahl der Themen erfolgt in Leipzig in bewährter Weise. Die Manuskripte werden lektoratsseitig betreut, von führenden deutschen Anbietern professionell auf der Basis Print on Demand produziert und weltweit vertrieben. Die Herstellung der Bücher erfolgt innerhalb kürzester Fristen. Sie bleiben lieferbar; man kann sie aber auch jederzeit problemlos aktualisieren. Das Verlagsprogramm basiert auf der vertrauensvollen Zusammenarbeit mit dem Autor.

EAGLE-GUIDE / Mathematik im Studium
Hrsg.: Prof. Dr. Bernd Luderer, Chemnitz

Diese Buchreihe aus Leipzig enthält handliche, fachlich fundierte, gut verständliche Einführungen für Studierende an Universitäten, Fachhochschulen und Berufsakademien. Basierend auf langjährigen Lehrerfahrungen führen die Autoren jeweils durch ein klar umrissenes, überschaubares Gebiet. Der modulare Aufbau der Sammlung ermöglicht es, sowohl Abschnitte aus den ersten Studienjahren als auch weiterführende Themen zu behandeln.

Bände der Reihe "EAGLE-GUIDE" erscheinen seit 2004. Sie eignen sich auch zum Selbststudium und als Hilfe bei der individuellen Prüfungsvorbereitung.

EAGLE-GUIDE: www.eagle-leipzig.de/guide.htm

Wolfgang Sprößig / Andreas Fichtner

EAGLE-GUIDE
Vektoranalysis

EAG.LE Edition am Gutenbergplatz
Leipzig

Bibliografische Information der Deutschen Bibliothek
Die Deutsche Bibliothek verzeichnet diese Publikation in der Deutschen Nationalbibliografie; detaillierte bibliografische Daten sind im Internet über http://dnb.ddb.de abrufbar.

Prof. Dr. rer. nat. habil. Wolfgang Sprößig
Geboren 1946 in Chemnitz/Sachsen. Studium der Mathematik an der TH Karl-Marx-Stadt (Chemnitz); 1974 Promotion, 1979 Habilitation. Von 1980 bis1986 Dozent für Analysis an der TH Karl-Marx-Stadt. Von 1986 bis 1992 Ordentlicher Professor für Analysis an der TU Bergakademie Freiberg, seit 1992 Professor für Komplexe Analysis (bis 2003: Angewandte Mathematik I). Managing Editor der Zeitschrift "Mathematical Methods in the Applied Sciences" (Wiley). Arbeitsgebiete: Quaternionen- u. Cliffordanalysis u. deren Anwendungen auf Anfangs-Randwertprobleme der mathematischen Physik.

Andreas Fichtner
Geboren 1979 in Rochlitz. Von 1999 bis 2002 Studium der Geophysik an der TU Bergakademie Freiberg. 2002 bis 2003 Studium der Geophysik u. Mathematik an der University of Washington, Seattle, USA. Seit 2003 Studium der Geophysik an der Ludwig-Maximilians-Universität München.

Erste Umschlagseite: Möbiusband
(August F. Möbius, 1790-1868. Auf Empfehlung von C. F. Gauß Ruf an die Universität Leipzig: Direktor der Sternwarte, Astronom, Geometer.)

Vierte Umschlagseite:
Dieses Motiv zur BUGRA Leipzig 1914 (Weltausstellung für Buchgewerbe und Graphik) zeigt neben B. Thorvaldsens Gutenbergdenkmal auch das Leipziger Neue Rathaus und das Völkerschlachtdenkmal.

Für vielfältige Unterstützung sei der Teubner-Stiftung in Leipzig gedankt.

EAGLE 019: www.eagle-leipzig.de/019-sproessig.htm

Printed in Germany
Umschlaggestaltung: Sittauer Mediendesign, Leipzig
Herstellung: Books on Demand GmbH, Norderstedt

ISBN 3-937219-19-6

Vorwort

Die Vektoranalysis stellt ein wichtiges Teilgebiet eines umfassenden geometrischen Konzepts dar, dessen Grundgedanken auf Gottfried Wilhelm Leibniz (1646–1716) aus Leipzig zurückgehen. In einem 1679 geschriebenen Brief an Christian Huygens drückt Leibniz seine Unzufriedenheit mit dem aktuellen Stand der Algebra aus, weil diese nicht in der Lage ist, geometrische Konstruktionen effektiv zu beschreiben. Im Brief war ein Essay enthalten, in dem er versucht, auf der Basis einer Mengenkongruenz geometrische Sachverhalte algebraisch auszudrücken. Nach dessen Veröffentlichung, die erst 1833(!) erfolgte, stiftete die Jablonowski-Gesellschaft einen Preis für die algebraische Umsetzung dieses noch ziemlich unvollkommenen Leibniz-Systems. Der Stettiner Gymnasiallehrer Herrmann Günther Grassmann (1809–1877) konnte diesen Preis gewinnen und schuf mit seiner „Ausdehnungslehre“ (1844) wichtige Grundlagen der modernen Vektoralgebra. Nur unwesentlich früher am 16. 10. 1843 entdeckte der irische Physiker und Mathematiker Sir William Rowan Hamilton (1805–1865) die Algebra der Quaternionen, eine neue Klasse von Zahlen, die sich in der Form

$$p = v + x\mathbf{i} + y\mathbf{j} + z\mathbf{k} = v + \mathbf{u}$$

darstellen lassen, wobei die x, y, z reelle Zahlen und die Symbole $\mathbf{i}, \mathbf{j}$ und $\mathbf{k}$ „imaginäre“ Einheiten sind. Den Anteil $\mathbf{u}$ nennt Hamilton Vektor. Er und seine Mitstreiter, vor allem Peter Guthrie Tait, entwickeln in den Folgejahren den bekannten Nabla-Kalkül, der erfolgreich zur Behandlung von Problemen der Mechanik, der Elektrizitätslehre und des Magnetismus eingesetzt wurde. Alternativ dazu entsteht, vorangetrieben durch den Amerikaner Josiah Willard Gibbs (1839–1903) und den Engländer Oliver Heaviside (1850–1925), ein universelles Vektorkonzept, was insbesondere durch die Einführung des

Kreuzprodukts zu einem multivalent einsetzbaren Werkzeug in Mathematik und Physik heranreifte. In der ersten Hälfte des 20. Jahrhunderts entstanden eine ganze Reihe hervorragender Bücher zur Vektoranalysis. Stellvertretend seien einige Werke aufgeführt, in denen die Autoren wesentliche Anregungen finden konnten: A. H. Bucherer: *Elemente der Vektoranalysis* (1903), C. Burali-Forti, R. Marcolongo: *Elementi di calcolo vettoriale* (1909), R. Gans: *Einführung in die Vektoranalysis* (1905, 7. Auflage 1950!) und A. Lotze: *Vektor- und Affinor-Analysis* (1950).

Der vorliegende Text ist in den Jahren 2000-2003 auf der Basis eines Vorlesungskonzeptes für Studenten der Geophysik an der TU Bergakademie Freiberg entstanden. Den Autoren geht es vordergründig darum, theoretische Grundkenntnisse und Anwendungen der klassischen Vektoranalysis aufzuzeigen. Der Entwicklung handwerklicher Fertigkeiten wird durch eine Vielzahl vorgerechneter Beispiele und eingearbeiteter Aufgaben, deren ausführliche Lösungen auf der Internetseite *www.eagle-leipzig.de/guide-loesungen.htm* zu finden sind, große Bedeutung beigemessen.

Das Buch besteht aus vier Teilen. Das erste Kapitel ist der Vektoralgebra gewidmet. Zunächst wird der Modul der freien Vektoren eingeführt. Traditionelle vektorielle Produktbildungen (Kreuzprodukt, Skalarprodukt) werden aus dem sogenannten Clifford-Produkt gewonnen. Vektoralgebraische Beweise sind vorrangig mit Hilfe der Quaternionentechnik abgefasst, die meist zu recht kurzen Beweisen führt. Geometrische Eigenschaften spiegeln sich in algebraischen Relationen wieder. Unter Ausnutzung der Assoziativität der Quaternionenmultiplikation werden die Entwicklungsformel für das doppelte Kreuzprodukt, die Lagrange-Identität, die Regel des doppelten Faktors sowie Rechenregeln für das Spatprodukt hergeleitet. Als Anwendung wurden im Abschnitt 1.2.3 die elementaren Grundbeziehungen der sphärischen Trigonometrie bewiesen.

Kapitel 2 ist den Differentialoperatoren der Vektoranalysis wie Divergenz, Gradient, Rotation, Nabla-Operator und Laplace-Operator gewidmet. Es werden zunächst Basissysteme eingeführt und anhand kartesischer Koordinaten, Zylinderkoordinaten, Kugelkoordinaten und krummlig orthogonaler Koordinaten erläutert. Die eingeführten Differentialoperatoren werden in den genannten Koordinaten beschrieben. Die Wirkungsweise der Produktregeln in der Vektoranalysis wird anhand einer Vielzahl von charakteristischen Beispielen beschrieben und schließlich als Satz formuliert. Die Komposition der eingeführten Differentialoperatoren wird ebenfalls detailliert diskutiert.

Kapitel 3 haben wir Feldtheorie genannt. Es werden zunächst die Integralsätze von Gauß, Stokes und Green angegeben und für Standardgebiete bewiesen. Die Poisson-Gleichung im $\mathbb{R}^3$ wird gelöst und ein Darstellungssatz für harmonische Funktionen im beschränkten Gebiet bzw. die Darstellung eines differenzierten Vektorfeldes im Ganzraum vermittels Helmholtz-Potentiale hergeleitet.

Schließlich werden als Anwendungen abschließend die Kontinuitätsgleichung der Hydrodynamik und die Maxwell-Gleichungen behandelt.

Das Buch empfehlen wir vor allem Studierenden naturwissenschaftlicher und ingenieurtechnischer Fachrichtungen, die bereits eine Grundausbildung in Höherer Mathematik absolviert haben. Weiterführende Themen wie etwa Vektoranalysis auf Mannigfaltigkeiten, wie sie für Mathematikstudenten interessant sind, können im Rahmen unseres Konzepts nicht behandelt werden. Der interessierte Leser findet diese Thematik beispielsweise im Lehrbuch *Vektoranalysis* von K. Jänich abgehandelt.

Wir bedanken uns für die vertrauensvolle Zusammenarbeit mit dem Reihen-Herausgeber Prof. Dr. B. Luderer (TU Chemnitz) und Herrn J. Weiß vom Wissenschaftsverlag „Edition am Gutenbergplatz Leipzig“.

Freiberg, München, Oktober 2004

Wolfgang Sprößig
Andreas Fichtner

Inhaltsverzeichnis

1 Vektoralgebra **9**

1.1 $\mathbb{R}$-Modul der freien Vektoren 9

1.2 Vektorielle Produktbildungen 13

1.2.1 Bilineare Produkte 13

1.2.2 Multilineare Produkte 21

1.2.3 Sphärische Trigonometrie 27

2 Differentialoperatoren **32**

2.1 Basissysteme 32

2.2 Differentialoperatoren der Feldtheorie 36

2.2.1 Gradient 37

2.2.2 Divergenz 38

2.2.3 Rotation 42

2.3 Produktregeln der Vektoranalysis 47

3 Feldtheorie **58**

3.1 Integralsätze 58

3.2 Darstellungssätze 64

4 Anwendungen **71**

4.1 Die Kontinuitätsgleichung der Hydrodynamik 71

4.2 Die Maxwell-Gleichungen 73

Literaturverzeichnis **77**

Index **78**

1 Vektoralgebra

1.1 $\mathbb{R}$-Modul der freien Vektoren

Eine Reihe physikalischer Größen wie Masse, Ladung, Zeit, Temperatur usw. sind bereits durch die Angabe einer einzigen Zahl definiert und werden als *Skalare* bezeichnet. Oftmals ist auch die Richtung physikalischer Wirkungen und Abläufe von Interesse. Größen dieser Art, wie zum Beispiel Weg, Kraft, Geschwindigkeit und elektrische Feldstärke, nennt man *Vektoren*. Sie können nicht allein durch eine einzige Zahl beschrieben werden. Es sind weitere Angaben wie die der Richtung erforderlich. Wir bezeichnen jedes geordnete Paar $[A, B] = \overrightarrow{AB}$ von Punkten $A, B \in \mathbb{R}^3$ als *lokal gebundenen Vektor*. Bekanntlich gestatten die Punkte A, B des Raumes $\mathbb{R}^3$ die Darstellung $A = (a_1, a_2, a_3)$ und $B = (b_1, b_2, b_3)$. Für die Differenz folgt damit $B - A = (b_1 - a_1, b_2 - a_2, b_3 - a_3)$. Die lokal gebundenen Vektoren lassen sich zu Klassen von sogenannten *freien Vektoren* zusammenfassen. Dies geschieht durch Einführung folgender Gleichheitsdefinition: Für $A, B, C, D \in \mathbb{R}^3$ gilt:

$$[A, B] = [C, D] \qquad \text{genau dann, wenn} \quad B - A = D - C \quad \text{ist}.$$

Die durch diese Gleichheit erzeugte Relation ist eine Äquivalenzrelation, denn sie ist reflexiv, symmetrisch und transitiv. Dadurch wird nunmehr eine Klasseneinteilung erzeugt. Offenbar gehören die gebundenen Vektoren $[A, B]$ und $[O, B - A]$ ein und derselben Klasse an, sind somit also Repräsentanten eines einzigen freien Vektors. Die im Nullpunkt gebundenen Vektoren heißen *Ortsvektoren*. Es kann also jede Äquivalenzklasse bzw. jeder freie Vektor durch einen Ortsvektor repräsentiert werden. Die durch den Vektor $[O, O]$ definierte Klasse heißt *Nullvektor*. Abbildung 1.1 zeigt gebundene Vektoren, welche derselben Klasse angehören.

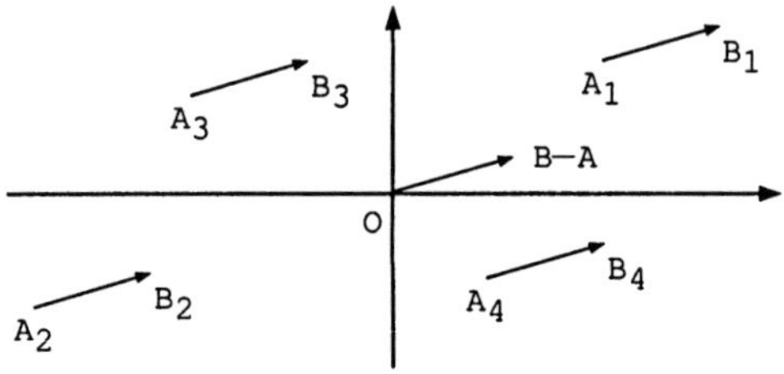

Abbildung 1.1

Jeder lokal gebundene Vektor $[A, B]$ ist umkehrbar eindeutig durch den Punkt A und den durch $[O, B - A]$ erzeugten freien Vektor bestimmt. Zwei Vektoren $\overrightarrow{AA'}$ und $\overrightarrow{BB'}$ werden *kollinear* genannt, wenn sie auf zueinander parallelen Geraden AA' und BB' liegen bzw. auf einer Geraden angetragen sind (AA' und BB' bezeichnen Geraden, die von A, A' bzw. B, B' erzeugt werden). Die Zahlgröße $|\overrightarrow{AA'}|$ bezeichnet den euklidischen Abstand der Punkte A und A' und wird *Länge* des Vektors $\overrightarrow{AA'}$ genannt. Ist $|\overrightarrow{AA'}| = 1$, so heißt der Vektor $\overrightarrow{AA'}$ *Einheitsvektor*. Die Einheitsortsvektoren $\overrightarrow{OE_i}$ sollen mit $\mathbf{e}_i$ abgekürzt werden. Im Folgenden werden, wie es allgemein üblich ist, für Vektoren fett gedruckte kleine lateinische Buchstaben geschrieben, wie z.B. $\overrightarrow{OA} = \mathbf{a}$. Wir vermerken, dass der Nullvektor $\overrightarrow{AA} = \overrightarrow{OO} = \mathbf{0}$ dem Tripel $\mathbf{0} = (0, 0, 0)$ entspricht.

Die Begründung eines algebraischen Kalküls macht es erforderlich, mit freien Vektoren zu rechnen. Es muss einfach möglich sein, einen Vektor an einer beliebigen Stelle des $\mathbb{R}^3$ anzutragen. Um zu zeigen, dass die freien Vektoren einen so genannten $\mathbb{R}$-Modul bilden, ist es notwendig, Addition und Multiplikation mit reellen Zahlen einzuführen. Die Menge der freien Vektoren werde mit $\mathcal{F}$ bezeichnet. Die

Modulgesetze lauten: Für $\mathbf{a}, \mathbf{b}, \mathbf{c} \in \mathcal{F}$ ist

(i) $\mathbf{a} + \mathbf{b} = \mathbf{b} + \mathbf{a}$ (Kommutativität)

(ii) $\mathbf{a} + (\mathbf{b} + \mathbf{c}) = (\mathbf{a} + \mathbf{b}) + \mathbf{c}$ (Assoziativität)

(iii) Es existiert ein Vektor $\mathbf{0} \in \mathcal{F}$, so dass $\mathbf{a} + \mathbf{0} = \mathbf{a}$ ist.

(iv) Es existiert zu jedem Vektor $\mathbf{a} \in \mathcal{F}$ ein Vektor $(-\mathbf{a}) \in \mathcal{F}$ mit $\mathbf{a} + (-\mathbf{a}) = \mathbf{0}$.

Mechaniker führten Ende des 18. Jahrhunderts die geometrische Addition von Geschwindigkeits- bzw. Kraftvektoren ein. Basierend auf diesem Grundgedanken, wird die Addition freier Vektoren wie folgt festgelegt: Es sei $\mathbf{a} = \overrightarrow{OA}$, $\mathbf{b} = \overrightarrow{OB}$. Als *Summe der Vektoren* $\mathbf{a}$ *und* $\mathbf{b}$ (Bez.: $\mathbf{a} + \mathbf{b}$) wird der freie Vektor $\overrightarrow{OC} = \mathbf{c}$ bezeichnet. Dieser entsteht, wenn man vom Punkt A aus den Vektor $\mathbf{b}$ anträgt (siehe Abbildung 1.2). Der Ortsvektor zum Endpunkt C dieses in A gebundenen Vektors $\mathbf{b}$ ist dann Repräsentant des freien Vektors $\overrightarrow{OC} = \mathbf{c} = \mathbf{a} + \mathbf{b}$.

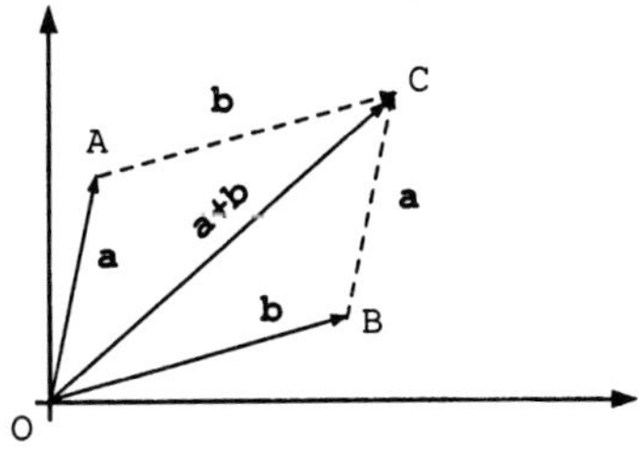

Abbildung 1.2

Es sei $\mathbf{a} \neq \mathbf{0}$. Ein zu $\mathbf{a}$ kollinearer Vektor, der $\mathbf{a}$ entgegenwirkt und dieselbe Länge hat, heißt *entgegengesetzter Vektor* und wird mit $-\mathbf{a}$ bezeichnet. Für den Vektor $\mathbf{b} + (-\mathbf{a})$ schreibt man kurz $\mathbf{b} - \mathbf{a}$ und nennt ihn *Differenz* der Vektoren $\mathbf{b}$ und $\mathbf{a}$. Damit ist die grundlegende Definition der bereits in der Schule gelehrten Vektoraddition gegeben. Es verbleibt, das *Produkt eines Vektors mit einer reellen Zahl* zu definieren, um geometrisch gesehen Stauchungen und Streckungen von Vektoren realisieren zu können. Es sei $\mathbf{a} \in \mathcal{F}$, $\mathbf{a} \neq \mathbf{0}$ und $r \in \mathbb{R}$. Dann bezeichnet $r\mathbf{a}$ einen zu $\mathbf{a}$ kollinearen Vektor, dessen Betrag $|r||\mathbf{a}|$ ist. Falls $r > 0$ ist, ist er mit $\mathbf{a}$ gleichgerichtet. Ist $r < 0$, zeigt er in die entgegengesetzte Richtung. Für $\mathbf{a} = \mathbf{0}$ oder $r = 0$ wird $r\mathbf{a} = \mathbf{0}$ festgelegt. In jedem $\mathbb{R}$-Modul, also auch in $\mathcal{F}$, ist die Multiplikation von Vektoren mit reellen Zahlen durch nachstehende Regeln bestimmt. Es seien $\mathbf{a}, \mathbf{b} \in \mathcal{F}$ und $r, s \in \mathbb{R}$, dann gilt:

(i) $1\mathbf{a} = \mathbf{a}$ (ii) $r(s\mathbf{a}) = (rs)\mathbf{a}$

(iii) $r(\mathbf{a} + \mathbf{b}) = r\mathbf{a} + r\mathbf{b}$ (iv) $(r + s)\mathbf{a} = r\mathbf{a} + s\mathbf{a}$.

Die Richtigkeit dieser Regeln für freie Vektoren kann man sich leicht grafisch veranschaulichen. Wir nennen die Vektoren $\mathbf{a}_1, ..., \mathbf{a}_n$ *linear abhängig*, wenn es reelle Zahlen $r_1, ..., r_n$ mit $\sum_{i=1}^{n} r_i^2 > 0$ gibt, so dass $r_1\mathbf{a}_1 + ... + r_n\mathbf{a}_n = 0$ gilt. Sind solche Zahlen nicht auffindbar, so nennt man die Vektoren $\mathbf{a}_1, \mathbf{a}_2, ..., \mathbf{a}_n$ *linear unabhängig*.

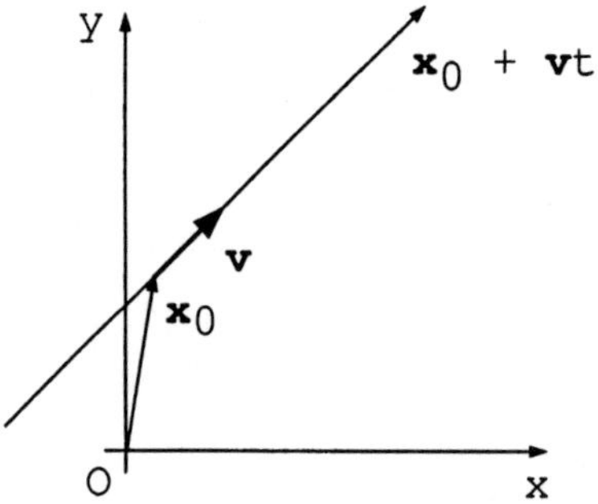

Abbildung 1.3

Es sei nun X_0 ein beliebiger Punkt einer Geraden g und $\mathbf{v}$ ein Vektor, der zu g parallel ist. Dann lässt sich ein beliebiger Punkt X der Geraden durch die *Geradengleichung*

$$\mathbf{x} = \mathbf{x}_0 + \mathbf{v}t\,, \qquad t \in \mathbb{R}$$

beschreiben (siehe Abbildung 1.3).

1.2 Vektorielle Produktbildungen

1.2.1 Bilineare Produkte

Die multiplikative Verknüpfung von Vektoren untereinander wird die Anwendungsmöglichkeiten des Rechnens mit Vektoren beträchtlich erweitern. Es soll mit der Einführung von Produkten zwischen Vektoren möglich sein, eine größere Vielfalt geometrischer und physikalischer Situationen zu erfassen. Auf der Grundlage einer Idee von W.K. Clifford[1] aus dem Jahre 1878 wird ein assoziatives formales Produkt (in der neueren physikalischen Literatur auch Clifford-Produkt genannt) eingeführt, so dass folgende Eigenschaften gelten: Für $\mathbf{a}, \mathbf{b} \in \mathcal{F}$ gilt

(i) $\mathbf{a}\,\mathbf{a} \equiv \mathbf{a}^2 := -|\mathbf{a}|^2$ (ii) $(\mathbf{a}+\mathbf{b})^2 := \mathbf{a}^2 + \mathbf{a}\,\mathbf{b} + \mathbf{b}\,\mathbf{a} + \mathbf{b}^2.$

Die Bezeichnung erfolgt durch Hintereinanderschreiben der am Produkt beteiligten Vektoren, ohne dass ein besonderes Verknüpfungszeichen steht. Eine Rechenvorschrift wird zunächst nicht gegeben. Aus (i) und (ii) folgt sofort

$$\mathbf{a}\,\mathbf{b} + \mathbf{b}\,\mathbf{a} = -|\mathbf{a}+\mathbf{b}|^2 + |\mathbf{a}|^2 + |\mathbf{b}|^2\,.$$

Die Größe $\mathbf{a}\,\mathbf{b} + \mathbf{b}\,\mathbf{a}$ ist somit stets eine reelle Zahl und offenbar bezüglich $\mathbf{a}$ und $\mathbf{b}$ symmetrisch. Wir nennen den algebraischen Ausdruck $-\frac{1}{2}(\mathbf{a}\,\mathbf{b} + \mathbf{b}\,\mathbf{a})$ *Skalarprodukt* der Vektoren $\mathbf{a}$ und $\mathbf{b}$ und bezeichnen ihn durch $\mathbf{a} \cdot \mathbf{b}$. Dabei bedeutet $\mathbf{a} \cdot \mathbf{b} = 0$ nichts anderes als $|\mathbf{a}+\mathbf{b}|^2 = |\mathbf{a}|^2 + |\mathbf{b}|^2$, d.h., es gilt in dem durch $\mathbf{a}, \mathbf{b}$

[1] William K. Clifford (1845–1879), irischer Mathematiker und Physiker, konstruierte eine nach ihm benannte Algebra.

und $\mathbf{a}+\mathbf{b}$ gebildeten Dreieck der Satz des Pythagoras, was aber heißt, dass die Vektoren $\mathbf{a}$ und $\mathbf{b}$ zueinander senkrecht stehen (Bez.: $\mathbf{a} \perp \mathbf{b}$). Allgemein folgt unter Benutzung des Kosinussatzes, d.h. $|\mathbf{a}+\mathbf{b}|^2 = |\mathbf{a}|^2 + |\mathbf{b}|^2 + 2|\mathbf{a}||\mathbf{b}| \cos(\mathbf{a},\mathbf{b})$, die Darstellung

$$\boxed{\mathbf{a}\cdot\mathbf{b} = |\mathbf{a}||\mathbf{b}|\cos(\mathbf{a},\mathbf{b}).}$$

Dabei wurde ausgenutzt, dass $\cos(\pi-\gamma) = \cos(\mathbf{a},\mathbf{b})$ gilt, wenn γ der von den durch $\mathbf{a}$ und $\mathbf{b}$ gebildeten Dreiecksseiten eingeschlossene Winkel ist (siehe Abbildung 1.4).

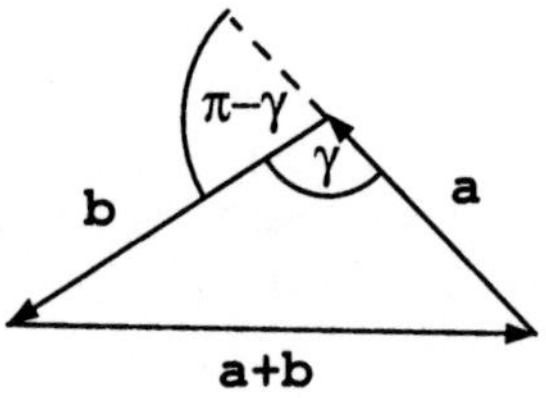

Abbildung 1.4

Lemma 1.1 (Homogenität): *Das Skalarprodukt ist homogen bezüglich beider Vektoren, d.h., für* $r,s \in \mathbb{R}$ *gilt* $r\mathbf{a}\cdot s\mathbf{b} = rs(\mathbf{a}\cdot\mathbf{b})$.

Beweis: Wir finden sofort

$$\begin{aligned} r\mathbf{a}\cdot s\mathbf{b} &= |r\mathbf{a}||s\mathbf{b}|\cos(r\mathbf{a},s\mathbf{b}) = |r||\mathbf{a}||s||\mathbf{b}|\cos(r\mathbf{a},s\mathbf{b}) \\ &= |r||s|(\mathbf{a}\cdot\mathbf{b})\,\mathrm{sgn}\, r \cdot\ \mathrm{sgn}\, s\,. \end{aligned}$$

Wegen $r = |r|\ \mathrm{sgn}\, r$ und $s = |s|\ \mathrm{sgn}\, s$ folgt die Behauptung. ∎

Lemma 1.2 (Distributivität): *Das Skalarprodukt ist bezüglich beider Vektoren additiv, d.h., es gilt* $\mathbf{a}\cdot(\mathbf{b}+\mathbf{c}) = \mathbf{a}\cdot\mathbf{b}+\mathbf{a}\cdot\mathbf{c}$ *bzw.* $(\mathbf{a}+\mathbf{c})\cdot\mathbf{b} = \mathbf{a}\cdot\mathbf{b}+\mathbf{c}\cdot\mathbf{b}$.

Es genügt offenbar wegen der Symmetrie der das Skalarprodukt erzeugenden Vektoren, nur die erste der beiden Identitäten zu zeigen. Der Beweis ist dem Leser zur Übung empfohlen (siehe Aufgabe 1.5).

Damit besitzt also das Skalarprodukt für $r, s \in \mathbb{R}$ die folgenden Eigenschaften:

(i) $\mathbf{a} \cdot \mathbf{b} = \mathbf{b} \cdot \mathbf{a}$ (ii) $r\mathbf{a} \cdot s\mathbf{b} = rs(\mathbf{a} \cdot \mathbf{b})$

(iii) $\mathbf{a} \cdot \mathbf{b} = |\mathbf{a}||\mathbf{b}| \cos(\mathbf{a}, \mathbf{b})$ (iv) $\mathbf{a} \cdot (\mathbf{b} + \mathbf{c}) = \mathbf{a} \cdot \mathbf{b} + \mathbf{a} \cdot \mathbf{c}$

Der kartesische Punktraum soll weiterhin mit dem Vektorraum $\mathbb{R}^3$, dem Raum aller freien Vektoren, identifiziert werden. Dies kann geschehen, wenn jedem Punkt X derjenige freie Vektor (hier als Klasse zu verstehen!) zugeordnet wird, der den Ortsvektor $\overrightarrow{OX}$ als Repräsentant enthält. Also soll fortan $\mathcal{F} = \mathbb{R}^3$ sein.

Drei Einheitsvektoren $\mathbf{e}_1, \mathbf{e}_2, \mathbf{e}_3 \in \mathbb{R}^3$, für die $\mathbf{e}_i \cdot \mathbf{e}_j = \delta_{ij}$ gilt, bilden eine *kartesische Basis* im $\mathbb{R}^3$. Das Zeichen δ_{ij} heißt *Kronecker-Symbol*[1], und es gilt $\delta_{ij} = 1$ für $i = j$ und $\delta_{ij} = 0$ für $i \neq j$. Mitunter schreibt man anstelle von $\mathbf{e}_1, \mathbf{e}_2, \mathbf{e}_3$ auch $\mathbf{i}, \mathbf{j}, \mathbf{k}$. Aus der Definition des Skalarprodukts folgt

$$\mathbf{e}_i \cdot \mathbf{e}_i = |\mathbf{e}_i||\mathbf{e}_i| \cos(\mathbf{e}_i, \mathbf{e}_i) = |\mathbf{e}_i|^2 = \sqrt{\mathbf{e}_i \cdot \mathbf{e}_i} = 1.$$

Es sei nun $\mathbf{a} \in \mathbb{R}^3$ ein beliebiger Vektor. Da mehr als drei Vektoren in $\mathbb{R}^3$ linear abhängig sind, gestattet $\mathbf{a}$ eine Darstellung der Form

$$\mathbf{a} = \alpha_1 \mathbf{e}_1 + \alpha_2 \mathbf{e}_2 + \alpha_3 \mathbf{e}_3 = \sum_{i=1}^{3} \alpha_i \mathbf{e}_i$$

mit $\alpha_1, \alpha_2, \alpha_3 \in \mathbb{R}$. Die Multiplikation mit $\mathbf{e}_1$ liefert

$$\mathbf{a} \cdot \mathbf{e}_1 = \alpha_1 \mathbf{e}_1 \cdot \mathbf{e}_1 + \alpha_2 \mathbf{e}_2 \cdot \mathbf{e}_1 + \alpha_3 \mathbf{e}_3 \cdot \mathbf{e}_1 = \alpha_1 |\mathbf{e}_1|^2 = \alpha_1.$$

Analog folgen die Beziehungen $\alpha_2 = \mathbf{a} \cdot \mathbf{e}_2$, sowie $\alpha_3 = \mathbf{a} \cdot \mathbf{e}_3$ und daraus $\mathbf{a} = \sum_{i=1}^{3} (\mathbf{a} \cdot \mathbf{e}_i)\, \mathbf{e}_i$. Man sieht leicht ein, dass die Gleichung

[1] Leopold Kronecker (1823–1891), Mathematiker in Berlin; arbeitete auf den Gebieten der Algebra, der algebraischen Zahlentheorie und der elliptischen Funktionen.

$\mathbf{a} \cdot \mathbf{a} = |\mathbf{a}|^2 = \sum_{i=1}^{3} \alpha_i^2$ gilt, indem man einfach ausmultipliziert und die Eigenschaften der Basis benutzt.

Beispiel 1.3 (Additionstheoreme): Es seien in der durch $\mathbf{e}_1$ und $\mathbf{e}_2$ aufgespannten Ebene zwei beliebige Einheitsvektoren $\mathbf{a}$ und $\mathbf{b}$ gegeben (siehe Abbildung 1.5, links). Diese können durch $\mathbf{a} = \mathbf{e}_1 \cos\alpha + \mathbf{e}_2 \sin\alpha$ und $\mathbf{b} = \mathbf{e}_1 \cos\beta + \mathbf{e}_2 \sin\beta$ dargestellt werden. Wir bilden das Skalarprodukt $\mathbf{a} \cdot \mathbf{b} = \cos(\mathbf{a}, \mathbf{b})$. Andererseits entsteht durch Ausmultiplizieren $\mathbf{a} \cdot \mathbf{b} = \cos\alpha \, \cos\beta + \sin\alpha \, \sin\beta$. Folglich gilt $\cos(\mathbf{a}, \mathbf{b}) = \cos\alpha\cos\beta + \sin\alpha\sin\beta$. Wegen der Beziehung $\cos(\mathbf{a}, \mathbf{b}) = \cos(\alpha - \beta)$ und durch Substitution von β durch $-\beta$ folgt das Additionstheorem der Kosinusfunktion, aus welchem wiederum durch Differentiation nach β sofort das Sinus-Additionstheorem folgt, also

$$\begin{aligned} \cos(\alpha + \beta) &= \cos\alpha\cos\beta - \sin\alpha\sin\beta\,, \\ \sin(\alpha + \beta) &= \cos\alpha\sin\beta + \sin\alpha\cos\beta\,. \end{aligned}$$

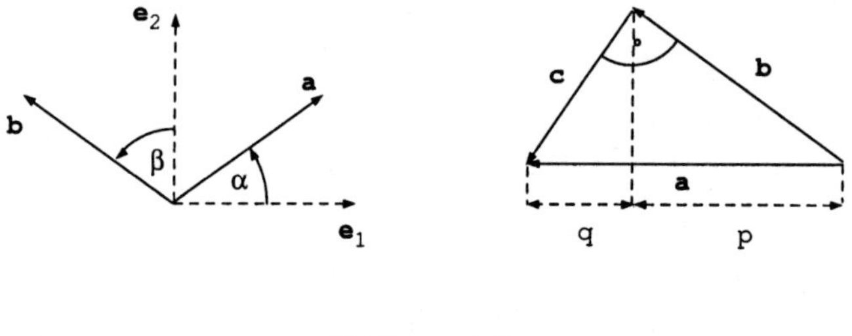

Abbildung 1.5

Beispiel 1.4 (Kathetensatz): Wir betrachten das rechtwinklige Dreieck in Abbildung 1.5 (rechts). Es gilt $\mathbf{a} = \mathbf{b} + \mathbf{c}$. Die skalare Multiplikation mit $\mathbf{b}$ liefert $\mathbf{b} \cdot \mathbf{a} = \mathbf{b} \cdot (\mathbf{b} + \mathbf{c}) = \mathbf{b} \cdot \mathbf{b} + \mathbf{b} \cdot \mathbf{c} = |\mathbf{b}|^2 + 0 = |\mathbf{b}|^2$. Weiter folgt $\mathbf{b} \cdot \mathbf{a} = \mathbf{a} \cdot \mathbf{b} = |\mathbf{a}||\mathbf{b}| \cos(\mathbf{a}, \mathbf{b}) = |\mathbf{a}||\mathbf{p}|$, wobei $|\mathbf{p}|$ die Länge der Projektion des Vektors $\mathbf{b}$ auf $\mathbf{a}$ ist.

Daraus ergibt sich schließlich

$$|\mathbf{b}|^2 = |\mathbf{a}||\mathbf{p}|.$$

Analog erhält man $|\mathbf{c}|^2 = |\mathbf{a}||\mathbf{q}|$.

Durch Ausmultiplizieren folgt sofort:

Folgerung 1.5 (Koordinatenschreibweise): *Es seien zwei Vektoren* $\mathbf{a}, \mathbf{b} \in \mathbb{R}^3$ *durch* $\mathbf{a} = \alpha_1\mathbf{e}_1 + \alpha_2\mathbf{e}_2 + \alpha_3\mathbf{e}_3$ *und* $\mathbf{b} = \beta_1\mathbf{e}_1 + \beta_2\mathbf{e}_2 + \beta_3\mathbf{e}_3$ *gegeben. Dann berechnet sich das Skalarprodukt nach der Formel*

$$\mathbf{a} \cdot \mathbf{b} = \alpha_1\beta_1 + \alpha_2\beta_2 + \alpha_3\beta_3\,,$$

wenn die Vektoren $\mathbf{e}_1, \mathbf{e}_2, \mathbf{e}_3$ *eine kartesische Basis bilden.*

Beispiel 1.6 (Das Divisionsproblem): Man bestimme alle möglichen Lösungen $\mathbf{x}$ der Gleichung $\mathbf{a} \cdot \mathbf{x} = d \in \mathbb{R}$. Offensichtlich ist $\mathbf{x} = d\mathbf{a}/|\mathbf{a}|^2$ eine Lösung. Zu dieser lassen sich jedoch beliebige Vektoren $\mathbf{u}$ addieren, solange diese die Bedingung $\mathbf{a} \cdot \mathbf{u} = 0$ erfüllen, also senkrecht zu $\mathbf{a}$ sind. Somit lautet die allgemeine Lösung

$$\mathbf{x} = \frac{\mathbf{a}}{|\mathbf{a}|^2}\,d + \mathbf{u}, \quad \text{mit} \quad \mathbf{u} \in \{\mathbf{v} \in \mathbb{R}^3\,;\ \mathbf{v} \perp \mathbf{a}\}.$$

Dieses Resultat kann man sich auch grafisch leicht verdeutlichen.

Das Rechnen mit Skalaren und Vektoren in einer einzigen, in sich geschlossenen algebraischen Struktur war der Wunschtraum vieler Mathematiker und Physiker des 19. Jahrhunderts. Die bekannteste Struktur dieser Art ist der so genannte *Schiefkörper der Quaternionen*, wobei die Bezeichnung Schiefkörper in der neueren Literatur häufig durch den Begriff des nicht kommutativen Körpers ersetzt ist (Bez.: $\mathbb{H}$). Quaternionen sind verallgemeinerte Zahlen (allgemeiner als komplexe Zahlen!) der Form

$$a = \alpha_0 + \mathbf{a} \quad \text{mit} \quad \mathbf{a} = \alpha_1\mathbf{e}_1 + \alpha_2\mathbf{e}_2 + \alpha_3\mathbf{e}_3,$$

wobei $\alpha_i \in \mathbb{R}$ für $i = 0, 1, 2, 3$ gilt. Die Größen α_0 und $\mathbf{a}$ heißen *Skalarteil von* a (Bez.: Sc a), beziehungsweise *Vektorteil von* a (Bez.: Vec a). Die Multiplikation ist dabei wie folgt definiert:

(i') $\mathbf{e}_i\mathbf{e}_j + \mathbf{e}_j\mathbf{e}_i = -2\delta_{ij} \qquad (i,j = 1,2,3)$

(ii') $\mathbf{e}_1\,\mathbf{e}_2 = \mathbf{e}_3\,,\ \mathbf{e}_2\,\mathbf{e}_3 = \mathbf{e}_1\,,\ \mathbf{e}_3\,\mathbf{e}_1 = \mathbf{e}_2.$

Diese durch die Multiplikationsvorschriften der Basisvektoren eingeführte Produktbildung ist assoziativ und distributiv, d.h. für gegebene $a, b, c \in \mathbb{H}$ gelten die Beziehungen

$$a\,(b+c) = a\,b + a\,c \quad \text{und} \quad (a+c)\,b = a\,b + c\,b.$$

Die Bedingungen (i) und (ii), die zu Beginn des Abschnitts 1.2 eingeführt wurden, werden von Vec a auf Grund der Forderungen (i') und (ii') erfüllt. Das Quaternionenprodukt ist somit ein spezielles Cliffordprodukt. Quaternionen wurden von W.R. Hamilton[1] 1843 entdeckt und 1866, ein Jahr nach seinem Tod, von Freunden in die mathematische Literatur eingeführt.

Mit $\overline{a} = \alpha_0 - \mathbf{a}$ soll nunmehr das *konjugierte Quaternion* (analog zur konjugiert komplexen Zahl) bezeichnet werden. Der Ausdruck $a\overline{a}$ ist eine positive reelle Zahl, die zur Definition des Betrages eines Quaternions herangezogen wird. Man definiert $\sqrt{a\overline{a}} := |a|$. Ist der Skalarteil Sc $a = 0$, so stimmt diese Definition mit der Länge des Vektors $\mathbf{a}$ überein. Offenbar gilt $|a|^2 = \alpha_0^2 + |\mathbf{a}|^2$.

Fassen wir die Multiplikation der Vektoren $\mathbf{a}$ und $\mathbf{b}$ als Multiplikation von Quaternionen mit verschwindendem Skalarteil auf, so gestattet das Produkt $\mathbf{a}\,\mathbf{b} \in \mathbb{H}$ die Darstellung

$$\mathbf{a}\,\mathbf{b} = \frac{1}{2}[\mathbf{a}\,\mathbf{b} + \mathbf{b}\,\mathbf{a}] + \frac{1}{2}[\mathbf{a}\,\mathbf{b} - \mathbf{b}\,\mathbf{a}].$$

Den mit (-1) multiplizierten symmetrischen Summanden hatten wir bereits als Skalarprodukt eingeführt. Der antisymmetrische Summand $\frac{1}{2}[\mathbf{a}\,\mathbf{b} - \mathbf{b}\,\mathbf{a}]$ heißt *Kreuzprodukt* (Bez.: $\mathbf{a} \times \mathbf{b}$) der Vektoren

[1] Sir William Rowan Hamilton (1805–1865), irischer Mathematiker und Physiker; bestimmte mit seinem Prinzip der kleinsten Wirkung die moderne Entwicklung der Mechanik.

$\mathbf{a}$ und $\mathbf{b}$. Das Kreuzprodukt wurde 1901 in einer Arbeit von J. Gibbs eingeführt. Unmittelbar aus der Definition findet man die Eigenschaft

$$\mathbf{a} \times \mathbf{b} = -\mathbf{b} \times \mathbf{a}.$$

Offenbar ist $\mathbf{a} \times \mathbf{a} = \mathbf{0}$. Für $\mathbf{a} \times (\mathbf{b} + \mathbf{c})$ gewinnt man leicht

$$\begin{aligned} \mathbf{a} \times (\mathbf{b} + \mathbf{c}) &= \frac{1}{2}[\mathbf{a}\,(\mathbf{b} + \mathbf{c}) - (\mathbf{b} + \mathbf{c})\,\mathbf{a}] \\ &= \frac{1}{2}[\mathbf{a}\,\mathbf{b} - \mathbf{b}\,\mathbf{a}] + \frac{1}{2}[\mathbf{a}\,\mathbf{c} - \mathbf{c}\,\mathbf{a}] = \mathbf{a} \times \mathbf{b} + \mathbf{a} \times \mathbf{c}, \end{aligned}$$

also die Distributivität. Diese Eigenschaft ist natürlich auch erfüllt, wenn die Summe als erster Faktor steht.

Folgerung 1.7 (Lage des Vektors $\mathbf{a} \times \mathbf{b}$): *Der Vektor $\mathbf{a} \times \mathbf{b}$ ist orthogonal zu $\mathbf{a}$ und $\mathbf{b}$.*

Beweis: Es gilt

$$\begin{aligned} (\mathbf{a} \times \mathbf{b}) \cdot \mathbf{a} &= \frac{1}{2}[\mathbf{a}\,\mathbf{b} - \mathbf{b}\,\mathbf{a}] \cdot \mathbf{a} \\ &= \frac{1}{4}[\mathbf{a}\,\mathbf{b} - \mathbf{b}\,\mathbf{a}]\,\mathbf{a} + \frac{1}{4}\mathbf{a}\,[\mathbf{a}\,\mathbf{b} - \mathbf{b}\,\mathbf{a}] \\ &= \frac{1}{4}[(\mathbf{a}\,\mathbf{b})\,\mathbf{a} - (\mathbf{b}\,\mathbf{a})\,\mathbf{a} + \mathbf{a}\,(\mathbf{a}\,\mathbf{b}) - \mathbf{a}\,(\mathbf{b}\,\mathbf{a})] = 0. \end{aligned}$$

Analog folgt $(\mathbf{a} \times \mathbf{b}) \cdot \mathbf{b} = 0$. Dies bestätigt die Orthogonalität. ■

Für Quaternionen lässt sich sofort zeigen, dass

$$\overline{a\,b} = \bar{b}\,\bar{a}$$

erfüllt ist, wobei es im Gegensatz zu den komplexen Zahlen hier auf die Reihenfolge der Faktoren ankommt. Ferner haben wir

$$a\,b\,\overline{a\,b} = (a\,b)(\bar{b}\,\bar{a}) = a\,(b\,\bar{b})\,\bar{a} = |a|^2|b|^2,$$

also $|a\,b|^2 = |a|^2|b|^2$. Daraus ergibt sich eine geometrische Interpretation des Kreuzprodukts. Aus

$$\mathbf{a}\,\mathbf{b} = -\mathbf{a}\cdot\mathbf{b} + \mathbf{a}\times\mathbf{b}$$

ergibt sich nämlich die folgende Formel:

$$|\mathbf{a}|^2|\mathbf{b}|^2 = |\mathbf{a}\cdot\mathbf{b}|^2 + |\mathbf{a}\times\mathbf{b}|^2\,.$$

Weiterhin erhalten wir mit $|\mathbf{a}\cdot\mathbf{b}|^2 = |\mathbf{a}|^2|\mathbf{b}|^2\cos^2(\mathbf{a},\mathbf{b})$ die Formel

$$|\mathbf{a}\times\mathbf{b}| = |\mathbf{a}||\mathbf{b}|\sin(\mathbf{a},\mathbf{b})\,,$$

welche den Flächeninhalt des durch $\mathbf{a}$ und $\mathbf{b}$ aufgespannten Parallelogramms angibt. Da bereits bekannt ist, dass der Vektor $\mathbf{a}\times\mathbf{b}$ senkrecht sowohl auf $\mathbf{a}$ als auch auf $\mathbf{b}$ steht, gestattet $\mathbf{a}\times\mathbf{b}$ die Darstellung

$$\mathbf{a}\times\mathbf{b} = |\mathbf{a}||\mathbf{b}|\sin(\mathbf{a},\mathbf{b})\,\mathbf{e}_{\mathbf{a},\mathbf{b}}\,,$$

wobei $\mathbf{e}_{\mathbf{a},\mathbf{b}}$ der zu $\mathbf{a}$ und zu $\mathbf{b}$ orthogonale Einheitsvektor ist:

$$\mathbf{e}_{\mathbf{a},\mathbf{b}} = \frac{\mathbf{a}\times\mathbf{b}}{|\mathbf{a}\times\mathbf{b}|}.$$

Man nennt $\mathbf{a}\times\mathbf{b}$ auch *orientierten Flächeninhalt.* Es folgt nun unmittelbar, dass $\mathbf{e}_{-\mathbf{a},\mathbf{b}} = \mathbf{e}_{\mathbf{a},-\mathbf{b}} = -\mathbf{e}_{\mathbf{a},\mathbf{b}}$ gilt.

Folgerung 1.8 (Homogenität): *Für* $r,s\in\mathbb{R}$ *und* $\mathbf{a},\mathbf{b}\in\mathbb{R}^3$ *ist*

$$\begin{aligned}(r\,\mathbf{a})\times(s\,\mathbf{b}) &= |r\,\mathbf{a}||s\,\mathbf{b}|\;\sin(r\,\mathbf{a},s\,\mathbf{b})\,\mathbf{e}_{r\mathbf{a},s\mathbf{b}}\\ &= |r||s||\mathbf{a}||\mathbf{b}|\;\sin(\mathbf{a},\mathbf{b})\,\mathbf{e}_{\mathbf{a},\mathbf{b}}\,\mathrm{sgn}\,r\cdot\mathrm{sgn}\,s.\end{aligned}$$

Mit $t\in\mathbb{R}$ *gilt stets* $t = |t|\,\mathrm{sgn}\,t$*, also* $r\,\mathbf{a}\times s\,\mathbf{b} = (r\,s)(\mathbf{a}\times\mathbf{b})$.

Folgerung 1.9 (Determinantenformel): *Es sei* $\{\mathbf{e}_1,\mathbf{e}_2,\mathbf{e}_3\}$ *eine kartesische Basis im* $\mathbb{R}^3$*. Weiter seien die Vektoren* $\mathbf{a} = \sum_{i=1}^3 \alpha_i\mathbf{e}_i$

und $\mathbf{b} = \sum_{j=1}^{3} \beta_j \mathbf{e}_j$ *gegeben. Dann folgt*

$$
\begin{aligned}
\mathbf{a}\,\mathbf{b} &= (\alpha_1\mathbf{e}_1 + \alpha_2\mathbf{e}_2 + \alpha_3\mathbf{e}_3)(\beta_1\mathbf{e}_1 + \beta_2\mathbf{e}_2 + \beta_3\mathbf{e}_3) \\
&= -\mathbf{a}\cdot\mathbf{b} + (\alpha_1\beta_2 - \alpha_2\beta_1)\,\mathbf{e}_3 + (\alpha_2\beta_3 - \alpha_3\beta_2)\,\mathbf{e}_1 \\
&\quad + (\alpha_3\beta_1 - \alpha_1\beta_3)\,\mathbf{e}_2 \\
&= -(\mathbf{a}\cdot\mathbf{b}) + \begin{vmatrix} \mathbf{e}_1 & \mathbf{e}_2 & \mathbf{e}_3 \\ \alpha_1 & \alpha_2 & \alpha_3 \\ \beta_1 & \beta_2 & \beta_3 \end{vmatrix} .
\end{aligned}
$$

Bemerkung: Demzufolge ist das Kreuzprodukt zweier Vektoren durch eine dreireihige *formale Determinante* darstellbar:

$$
\mathbf{a} \times \mathbf{b} := \begin{vmatrix} \mathbf{e}_1 & \mathbf{e}_2 & \mathbf{e}_3 \\ \alpha_1 & \alpha_2 & \alpha_3 \\ \beta_1 & \beta_2 & \beta_3 \end{vmatrix} .
$$

Mitunter können spezielle Eigenschaften des Quaternionenprodukts zweier Vektoren $\mathbf{a}$ und $\mathbf{b}$ ausgenutzt werden, um die gegenseitige geometrische Lage mit algebraischen Mitteln zu charakterisieren. So gilt z.B. $\mathbf{a}\,\mathbf{b} = \mathbf{b}\,\mathbf{a}$ genau dann, wenn $\mathbf{a}$ und $\mathbf{b}$ zueinander kollinear sind, also der Kreuzproduktanteil zu Null wird, sowie $\mathbf{a}\,\mathbf{b} = -\mathbf{b}\,\mathbf{a}$ genau dann, wenn $\mathbf{a}$ orthogonal zu $\mathbf{b}$ liegt, das heißt, wenn der Skalarproduktanteil verschwindet.

1.2.2 Multilineare Produkte

Eine multiplikative Verknüpfung von mehr als zwei Vektoren in Skalar- oder Kreuzproduktform bringt einige Unwägsamkeiten mit sich. Während das Kreuzprodukt nicht assoziativ ist, d.h., im Allgemeinen die Vektoren $(\mathbf{a} \times \mathbf{b}) \times \mathbf{c}$ und $\mathbf{a} \times (\mathbf{b} \times \mathbf{c})$ voneinander verschieden sind, ist das Skalarprodukt überhaupt nur für zwei Vektoren definiert. Eine alternierende Anwendung beider Produkte ist auch nicht ohne Einschränkungen möglich, da jedenfalls zuerst das Kreuzprodukt stehen muss. Hieraus ist bereits ersichtlich, dass Mehrfachprodukte stets mit sehr spezifischen Eigenschaften zu erwarten sind.

Völlig unproblematisch ist hingegen die Benutzung der Quaternionenmultiplikation. Diese ist uneingeschränkt ausführbar und darüber hinaus assoziativ. Sie wird bei der Untersuchung bekannter Mehrfachprodukte eine wichtige Rolle spielen.

Es seien $\mathbf{a}, \mathbf{b}, \mathbf{c}$ Vektoren aus $\mathbb{H}$. Dann gilt $(\mathbf{a}\,\mathbf{b})\,\mathbf{c} = \mathbf{a}\,(\mathbf{b}\,\mathbf{c})$ (Assoziativität) sowie $\mathbf{a}\,\mathbf{b} = -\mathbf{a}\cdot\mathbf{b} + \mathbf{a}\times\mathbf{b}$. Damit ergibt sich

$$(\mathbf{a}\,\mathbf{b})\,\mathbf{c} = (-\mathbf{a}\cdot\mathbf{b})\,\mathbf{c} - (\mathbf{a}\times\mathbf{b})\cdot\mathbf{c} + (\mathbf{a}\times\mathbf{b})\times\mathbf{c},$$
$$\mathbf{a}\,(\mathbf{b}\,\mathbf{c}) = \mathbf{a}\,(-\mathbf{b}\cdot\mathbf{c}) - \mathbf{a}\cdot(\mathbf{b}\times\mathbf{c}) + \mathbf{a}\times(\mathbf{b}\times\mathbf{c}).$$

Zwei Quaternionen sind gleich, wenn Skalar- und Vektorteil übereinstimmen. Daraus ergeben sich die folgenden Identitäten:

(i) $\quad \mathbf{a}\cdot(\mathbf{b}\times\mathbf{c}) = (\mathbf{a}\times\mathbf{b})\cdot\mathbf{c},$

(ii) $\quad \mathbf{a}\times(\mathbf{b}\times\mathbf{c}) + \mathbf{c}\,(\mathbf{a}\cdot\mathbf{b}) = (\mathbf{a}\times\mathbf{b})\times\mathbf{c} + \mathbf{a}\,(\mathbf{b}\cdot\mathbf{c}).$

Die Auswertung von (i) ergibt, dass die Zeichen "$\cdot$" und "$\times$" austauschbar sind. Daher kann man zu einer neuen Bezeichnung übergehen, die die Multiplikationszeichen nicht mehr explizit enthält, indem man $(\mathbf{a}, \mathbf{b}, \mathbf{c})$ anstelle von $\mathbf{a}\cdot(\mathbf{b}\times\mathbf{c})$ schreibt. Das so bezeichnete Produkt heißt *Spatprodukt*.

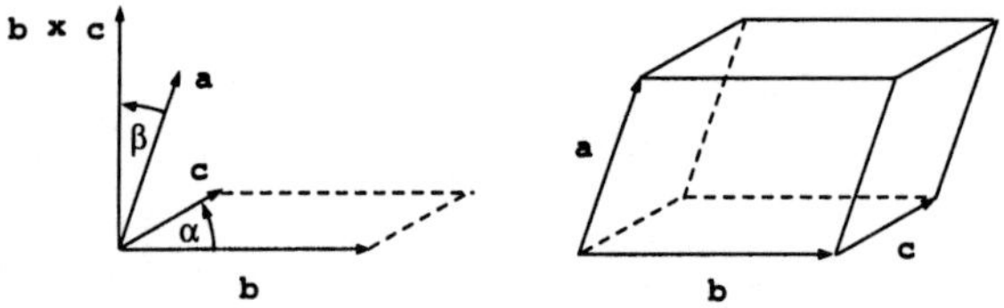

Abbildung 1.6

Wie aus Abbildung 1.6 hervorgeht, gestattet das Spatprodukt auch eine geometrische Interpretation. Das Produkt $\mathbf{b}\times\mathbf{c}$ erzeugt einen Vektor, dessen Betrag gleich dem Flächeninhalt der Grundfläche des Spats ist und senkrecht auf dieser steht. Das Skalarprodukt von $\mathbf{a}$ mit diesem Vektor ist schließlich gleich dem *orientierten Volumen* des durch die Vektoren $\mathbf{a}, \mathbf{b}, \mathbf{c}$ aufgespannten Spats. Die Definitionen von Skalar- und Kreuzprodukt liefern die Formel

$$(\mathbf{a}, \mathbf{b}, \mathbf{c}) = |\mathbf{a}||\mathbf{b}||\mathbf{c}| \sin\alpha \cos\beta.$$

Offenbar ist $(\mathbf{a}, \mathbf{b}, \mathbf{c})$ eine trilineare Vektorform, d.h. $(\mathbf{a}, \mathbf{b}, \mathbf{c})$ ist homogen und additiv in jeder Komponente. Diese Eigenschaften gelten, da sie für das Skalarprodukt und das Kreuzprodukt einzeln erfüllt sind. Eine spezifische Eigenschaft ist nun allerdings, dass der einfache Platzwechsel zweier Vektoren im Spatprodukt $(\mathbf{a}, \mathbf{b}, \mathbf{c})$ stets einen Vorzeichenwechsel nach sich zieht. Somit ergeben sich die Identitäten $(\mathbf{a}, \mathbf{b}, \mathbf{c}) = -(\mathbf{a}, \mathbf{c}, \mathbf{b}) = (\mathbf{c}, \mathbf{a}, \mathbf{b}) = -(\mathbf{c}, \mathbf{b}, \mathbf{a})$. Sind die Vektoren $\mathbf{a}, \mathbf{b}, \mathbf{c}$ linear abhängig , so ist $(\mathbf{a}, \mathbf{b}, \mathbf{c}) = 0$. Denn mit $\mathbf{c} = r\,\mathbf{a} + s\,\mathbf{b}$ folgt

$$\begin{aligned}(\mathbf{a}, \mathbf{b}, \mathbf{c}) &= r\,(\mathbf{a}, \mathbf{b}, \mathbf{a}) + s\,(\mathbf{a}, \mathbf{b}, \mathbf{b}) \\ &= r\,\mathbf{a} \cdot (\mathbf{b} \times \mathbf{a}) + s\,\mathbf{a} \cdot (\mathbf{b} \times \mathbf{b}) = 0\,,\end{aligned}$$

da die Beziehungen $\mathbf{a} \perp (\mathbf{b} \times \mathbf{a})$ und $\mathbf{b} \times \mathbf{b} = \mathbf{0}$ gelten. Anschaulich ist es klar, dass das Volumen eines Spats verschwindet, wenn seine Kanten linear abhängig sind und er somit die Höhe Null hat.

Folgerung 1.10 (Determinantendarstellung): *Gegeben seien drei Vektoren* $\mathbf{a} = \sum_{i=1}^{3} \alpha_i \mathbf{e}_i$, $\mathbf{b} = \sum_{i=1}^{3} \beta_i \mathbf{e}_i$ *und* $\mathbf{c} = \sum_{i=1}^{3} \gamma_i \mathbf{e}_i$. *Dann gilt*

$$\begin{aligned}(\mathbf{a}, \mathbf{b}, \mathbf{c}) &= (\mathbf{a} \times \mathbf{b}) \cdot \mathbf{c} \\ &= \left(\begin{vmatrix} \alpha_2 & \alpha_3 \\ \beta_2 & \beta_3 \end{vmatrix} \mathbf{e}_1 + \begin{vmatrix} \alpha_3 & \alpha_1 \\ \beta_3 & \beta_1 \end{vmatrix} \mathbf{e}_2 + \begin{vmatrix} \alpha_1 & \alpha_2 \\ \beta_1 & \beta_2 \end{vmatrix} \mathbf{e}_3 \right) \\ &\quad \cdot (\gamma_1 \mathbf{e}_1 + \gamma_2 \mathbf{e}_2 + \gamma_3 \mathbf{e}_3).\end{aligned}$$

Mit dem Entwicklungssatz für Determinanten folgt

$$(\mathbf{a},\mathbf{b},\mathbf{c}) = \gamma_1 \begin{vmatrix} \alpha_2 & \alpha_3 \\ \beta_2 & \beta_3 \end{vmatrix} + \gamma_2 \begin{vmatrix} \alpha_3 & \alpha_1 \\ \beta_3 & \beta_1 \end{vmatrix} + \gamma_3 \begin{vmatrix} \alpha_1 & \alpha_2 \\ \beta_1 & \beta_2 \end{vmatrix}$$

$$= \begin{vmatrix} \alpha_1 & \alpha_2 & \alpha_3 \\ \beta_1 & \beta_2 & \beta_3 \\ \gamma_1 & \gamma_2 & \gamma_3 \end{vmatrix}.$$

Die nachstehenden Untersuchungen sind dem doppelten Kreuzprodukt gewidmet.

Lemma 1.11 (Entwicklungsformel): *Es seien* $\mathbf{a}$, $\mathbf{b}$ *und* $\mathbf{c}$ *Vektoren in* $\mathbb{R}^3$. *Dann gilt*

$$\mathbf{a} \times (\mathbf{b} \times \mathbf{c}) = (\mathbf{a} \cdot \mathbf{c})\,\mathbf{b} - (\mathbf{a} \cdot \mathbf{b})\,\mathbf{c}.$$

Beweis: Mit der Identität $2(\mathbf{a} \cdot \mathbf{c})\,\mathbf{b} = (\mathbf{a} \cdot \mathbf{c})\,\mathbf{b} + \mathbf{b}\,(\mathbf{a} \cdot \mathbf{c})$ und der entsprechenden Formel für den zweiten Summanden folgt

$$\begin{aligned} 4\left[(\mathbf{a} \cdot \mathbf{c})\,\mathbf{b} - (\mathbf{a} \cdot \mathbf{b})\,\mathbf{c}\right] &= -(\mathbf{a}\,\mathbf{c} + \mathbf{c}\,\mathbf{a})\,\mathbf{b} - \mathbf{b}\,(\mathbf{a}\,\mathbf{c} + \mathbf{c}\,\mathbf{a}) \\ &\quad + (\mathbf{a}\,\mathbf{b} + \mathbf{b}\,\mathbf{a})\,\mathbf{c} + \mathbf{c}\,(\mathbf{a}\,\mathbf{b} + \mathbf{b}\,\mathbf{a}) \\ &= \mathbf{a}\,(\mathbf{b}\,\mathbf{c} - \mathbf{c}\,\mathbf{b}) - (\mathbf{b}\,\mathbf{c} - \mathbf{c}\,\mathbf{b})\,\mathbf{a} \\ &= 4\,\mathbf{a} \times (\mathbf{b} \times \mathbf{c}). \end{aligned}$$

■

Folgerung 1.12 (Summenidentität): *Wenden wir den Entwicklungssatz der Reihe nach auf die Produkte* $\mathbf{a} \times (\mathbf{b} \times \mathbf{c})$, $\mathbf{b} \times (\mathbf{c} \times \mathbf{a})$ *und* $\mathbf{c} \times (\mathbf{a} \times \mathbf{b})$ *an, so folgt*

$$\begin{aligned} &\mathbf{a} \times (\mathbf{b} \times \mathbf{c}) + \mathbf{b} \times (\mathbf{c} \times \mathbf{a}) + \mathbf{c} \times (\mathbf{a} \times \mathbf{b}) \\ &\quad = \left[(\mathbf{a} \cdot \mathbf{c})\,\mathbf{b} - \mathbf{c}\,(\mathbf{a} \cdot \mathbf{b})\right] + \left[\mathbf{c}\,(\mathbf{b} \cdot \mathbf{a}) - \mathbf{a}\,(\mathbf{b} \cdot \mathbf{c})\right] \\ &\quad + \left[\mathbf{a}\,(\mathbf{c} \cdot \mathbf{b}) - \mathbf{b}\,(\mathbf{c} \cdot \mathbf{a})\right] = \mathbf{0}. \end{aligned}$$

Der Entwicklungssatz für das doppelte Kreuzpodukt gestattet die Hinzunahme weiterer Vektoren. Für das Skalarprodukt zweier Vektorprodukte gilt

$$\begin{aligned}(\mathbf{a}\times\mathbf{b})\cdot(\mathbf{c}\times\mathbf{d}) &= [(\mathbf{a}\times\mathbf{b})\times\mathbf{c}]\cdot\mathbf{d}\\ &= [\mathbf{b}\,(\mathbf{a}\cdot\mathbf{c})-\mathbf{a}\,(\mathbf{c}\cdot\mathbf{b})]\cdot\mathbf{d}\\ &= (\mathbf{b}\cdot\mathbf{d})\,(\mathbf{a}\cdot\mathbf{c})-(\mathbf{a}\cdot\mathbf{d})\,(\mathbf{c}\cdot\mathbf{b}).\end{aligned}$$

In Determinantenschreibweise erhält man schließlich

$$(\mathbf{a}\times\mathbf{b})\cdot(\mathbf{c}\times\mathbf{d}) = \begin{vmatrix}\mathbf{a}\cdot\mathbf{c} & \mathbf{a}\cdot\mathbf{d}\\ \mathbf{b}\cdot\mathbf{c} & \mathbf{b}\cdot\mathbf{d}\end{vmatrix}.$$

Diese Formel ist als *Lagrange-Identität* bekannt.

Für den Fall $|\mathbf{a}| = |\mathbf{b}| = |\mathbf{c}| = |\mathbf{d}| = 1$ findet sich diese Formel 1872 bei CARL FRIEDRICH GAUSS (1777–1855), einem der bedeutendsten und kreativsten Mathematiker aller Zeiten, der auch zugleich ein hervorragender Physiker, Geophysiker, Astronom, Geodät und Ingenieur war. Setzen wir $\mathbf{c} := \mathbf{a}$ und $\mathbf{d} := \mathbf{b}$, so folgt aus der Lagrange-Identität die bekannte Schwarzsche Ungleichung $|\mathbf{a}\cdot\mathbf{b}| \leq |\mathbf{a}||\mathbf{b}|$. Letztere wurde nach HERMANN A. SCHWARZ (1843–1921), einem deutschen Mathematiker, der in Halle, Göttingen und Berlin tätig war, benannt.

Verknüpft man nun zwei Kreuzprodukte durch ein weiteres Kreuzprodukt, so erhält man unter Benutzung des Entwicklungssatzes die folgende Rechnung:

$$\begin{aligned}(\mathbf{a}\times\mathbf{b})\times(\mathbf{c}\times\mathbf{d}) &= \mathbf{b}\,(\mathbf{a}\cdot(\mathbf{c}\times\mathbf{d}))-\mathbf{a}\,(\mathbf{b}\cdot(\mathbf{c}\times\mathbf{d}))\\ &= \mathbf{b}\,(\mathbf{a},\mathbf{c},\mathbf{d})-\mathbf{a}\,(\mathbf{b},\mathbf{c},\mathbf{d}).\end{aligned}$$

Folgerung 1.13 (Regel des doppelten Faktors): *Die Substitution von* $\mathbf{c}$ *durch* $\mathbf{b}$ *und von* $\mathbf{d}$ *durch* $\mathbf{c}$ *liefert sofort folgende Beziehung:*

$$(\mathbf{a}\times\mathbf{b})\times(\mathbf{b}\times\mathbf{c}) = \mathbf{b}\,(\mathbf{a},\mathbf{b},\mathbf{c}).$$

Multilineare Produkte erlauben es, Vektoren des $\mathbb{R}^3$ auf ausgesprochen elegante Weise als Linearkombination dreier beliebiger, linear unabhängiger Vektoren darzustellen, wie wir sogleich beschreiben werden.

Die orthogonale Zerlegung: Es sei $\mathbf{a} \in \mathbb{R}^3$ ein vorgegebener Vektor. Ein beliebiger Vektor $\mathbf{x} \in \mathbb{R}^3$ soll relativ zu $\mathbf{a}$ in einen *Normalteil* (senkrecht zu $\mathbf{a}$) und einen *Parallelteil* (kollinear mit $\mathbf{a}$) zerlegt werden (siehe Abbildung 1.7, links). Man erreicht dies leicht, indem man den Entwicklungssatz für das doppelte Kreuzprodukt in der folgenden Weise aufschreibt:

$$\mathbf{a} \times (\mathbf{x} \times \mathbf{a}) = |\mathbf{a}|^2 \mathbf{x} - \mathbf{a}\,(\mathbf{a} \cdot \mathbf{a}).$$

Also gilt

$$\mathbf{x} = \frac{1}{|\mathbf{a}|^2} \left[\mathbf{a} \times (\mathbf{x} \times \mathbf{a}) + \mathbf{a}\,(\mathbf{a} \cdot \mathbf{x})\right].$$

Somit ist $\mathbf{x}$ wie gewünscht eine Linearkombination eines zu $\mathbf{a}$ parallelen Anteils und eines zu $\mathbf{a}$ senkrechten Anteils. Diese Zerlegung existiert immer und ist eindeutig.

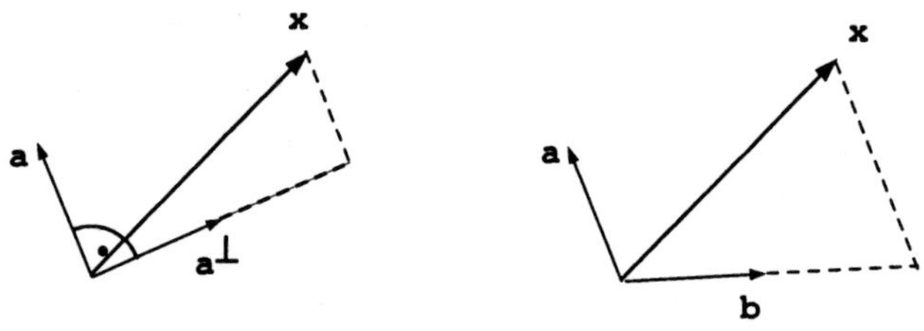

Abbildung 1.7

Die nichtorthogonale Zerlegung: Es seien $\mathbf{a}, \mathbf{b}, \mathbf{c}$ linear unabhängige Vektoren in $\mathbb{R}^3$, d.h. $V = (\mathbf{a}, \mathbf{b}, \mathbf{c}) \neq 0$. Ein weiterer Vektor $\mathbf{d} \in \mathbb{R}^3$ soll als Linearkombination von $\mathbf{a}$,$\mathbf{b}$ und $\mathbf{c}$, also in der

Form $\mathbf{d} = \alpha\,\mathbf{a} + \beta\,\mathbf{b} + \gamma\,\mathbf{c}$, dargestellt werden (siehe Abbildung 1.7, rechts). Dabei sind α, β und γ reelle Zahlen, welche es zu bestimmen gilt. Mit $(\mathbf{b} \times \mathbf{c}) \perp \mathbf{b}, \mathbf{c}$ folgt

$$\mathbf{d} \cdot (\mathbf{b} \times \mathbf{c}) = \alpha\,[\mathbf{a} \cdot (\mathbf{b} \times \mathbf{c})] + \beta\,[\mathbf{b} \cdot (\mathbf{b} \times \mathbf{c})] + \gamma\,[\mathbf{c} \cdot (\mathbf{b} \times \mathbf{c})].$$

Der zweite und dritte Summand sind Null. Also folgt

$$\alpha = \frac{(\mathbf{d}, \mathbf{b}, \mathbf{c})}{(\mathbf{a}, \mathbf{b}, \mathbf{c})} \quad \text{und analog} \quad \beta = \frac{(\mathbf{a}, \mathbf{d}, \mathbf{c})}{(\mathbf{a}, \mathbf{b}, \mathbf{c})}, \quad \gamma = \frac{(\mathbf{a}, \mathbf{b}, \mathbf{d})}{(\mathbf{a}, \mathbf{b}, \mathbf{c})}.$$

Diese Zerlegung existiert ebenfalls immer und ist eindeutig, vorausgesetzt, dass $\mathbf{a}, \mathbf{b}$ und $\mathbf{c}$ linear unabhängig sind.

1.2.3 Sphärische Trigonometrie

Besonders günstig können Mehrfachprodukte bei der Begründung von Elementarbeziehungen der sphärischen Trigonometrie angewendet werden. Ein *sphärisches Dreieck* entsteht, wenn man aus der Einheitskugel ein Tetraeder herausschneidet, dessen eine Ecke im Mittelpunkt der Kugel, der als Ursprung dient und daher mit O bezeichnet wird, liegen soll. Die Eckpunkte des sphärischen Dreiecks A, B, C entsprechen den Ortsvektoren $\mathbf{a}, \mathbf{b}, \mathbf{c}$. Die Winkel zwischen den Seitenvektoren werden der Reihe nach mit $(\mathbf{a}, \mathbf{b}) = \gamma$, $(\mathbf{b}, \mathbf{c}) = \alpha$ und $(\mathbf{c}, \mathbf{a}) = \beta$ bezeichnet. Es werden die Winkel zwischen den Seitenflächen als *Winkel im sphärischen Dreieck* angesehen. Dabei sollen die Winkel in den Punkten A, B, C mit α', β', γ' bezeichnet werden. Es seien $\alpha'', \beta'', \gamma''$ die Winkel zwischen den jeweiligen Flächennormalen, also $\alpha'' = (\mathbf{c} \times \mathbf{a}, \mathbf{a} \times \mathbf{b})$, $\beta'' = (\mathbf{a} \times \mathbf{b}, \mathbf{b} \times \mathbf{c})$, $\gamma'' = (\mathbf{b} \times \mathbf{c}, \mathbf{c} \times \mathbf{a})$. Offenbar gilt $\alpha'' = \pi - \alpha'$ und daher $\cos\alpha'' = -\cos\alpha'$ sowie $\sin\alpha'' = \sin\alpha'$. Analoges folgt für β'' und γ''.

Lemma 1.14 (Sphärischer Kosinussatz): *Es seien* $\mathbf{a}, \mathbf{b}, \mathbf{c}$ *Vektoren mit* $|\mathbf{a}| = |\mathbf{b}| = |\mathbf{c}| = 1$. *Dann gilt der sphärische Kosinussatz:*

$$\cos\beta = \cos\gamma\cos\alpha + \sin\gamma\sin\alpha\cos\beta'\,.$$

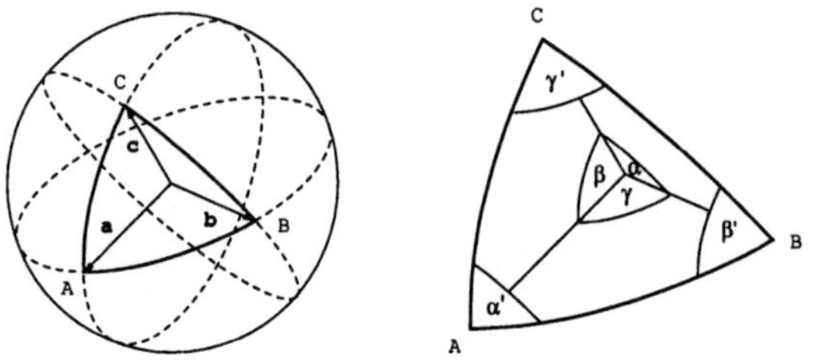

Abbildung 1.8

Beweis: Aus der Lagrange-Identität erhält man

$$(\mathbf{a}\times\mathbf{b})\cdot(\mathbf{b}\times\mathbf{c}) = \begin{vmatrix} \mathbf{a}\cdot\mathbf{b} & \mathbf{a}\cdot\mathbf{c} \\ \mathbf{b}\cdot\mathbf{b} & \mathbf{b}\cdot\mathbf{c} \end{vmatrix}$$

$$= (\mathbf{a}\cdot\mathbf{b})(\mathbf{b}\cdot\mathbf{c}) - \mathbf{a}\cdot\mathbf{c} = \cos\gamma\,\cos\alpha - \cos\beta\,.$$

Für die linke Seite folgt weiter

$$(\mathbf{a}\times\mathbf{b})\cdot(\mathbf{b}\times\mathbf{c}) = \sin\gamma\,\sin\alpha\,\cos\beta'' = -\sin\gamma\,\sin\alpha\,\cos\beta'\,,$$

woraus sich sofort die Behauptung ergibt. ■

Lemma 1.15 (Sphärischer Sinus-Kosinus-Satz): *Es gilt die Beziehung*

$$\sin\alpha\,\cos\gamma' = \cos\gamma\,\sin\beta - \cos\beta\,\sin\gamma\,\cos\alpha'\,.$$

Beweis: Geht man von der offensichtlichen Identität

$$\begin{vmatrix} \mathbf{a}\cdot\mathbf{a} & \mathbf{a}\cdot\mathbf{b} & \mathbf{a}\cdot\mathbf{c} \\ \mathbf{a}\cdot\mathbf{a} & \mathbf{a}\cdot\mathbf{b} & \mathbf{a}\cdot\mathbf{c} \\ \mathbf{c}\cdot\mathbf{a} & \mathbf{c}\cdot\mathbf{b} & \mathbf{c}\cdot\mathbf{c} \end{vmatrix} = 0 \qquad \text{(1. Zeile = 2. Zeile!)}$$

aus und entwickelt nach der ersten Zeile, so folgt

$$(\mathbf{a}\cdot\mathbf{a})\begin{vmatrix}\mathbf{a}\cdot\mathbf{b} & \mathbf{a}\cdot\mathbf{c}\\ \mathbf{c}\cdot\mathbf{b} & \mathbf{c}\cdot\mathbf{c}\end{vmatrix} + (\mathbf{a}\cdot\mathbf{b})\begin{vmatrix}\mathbf{a}\cdot\mathbf{c} & \mathbf{a}\cdot\mathbf{a}\\ \mathbf{c}\cdot\mathbf{c} & \mathbf{c}\cdot\mathbf{a}\end{vmatrix}$$
$$+(\mathbf{a}\cdot\mathbf{c})\begin{vmatrix}\mathbf{a}\cdot\mathbf{a} & \mathbf{a}\cdot\mathbf{b}\\ \mathbf{c}\cdot\mathbf{a} & \mathbf{c}\cdot\mathbf{b}\end{vmatrix} = 0.$$

Verwendet man wieder die Lagrange-Identität, dann ergibt sich

$$\begin{aligned}0 &= (\mathbf{a}\cdot\mathbf{a})\,[(\mathbf{a}\times\mathbf{c})\cdot(\mathbf{b}\times\mathbf{c})] + (\mathbf{a}\cdot\mathbf{b})\,[(\mathbf{a}\times\mathbf{c})\cdot(\mathbf{c}\times\mathbf{a})]\\ &\quad + (\mathbf{a}\cdot\mathbf{c})\,[(\mathbf{a}\times\mathbf{c})\cdot(\mathbf{a}\times\mathbf{b})]\\ &= -\sin\beta\,\sin\alpha\,\cos\gamma'' - \cos\gamma\,\sin^2\beta\\ &\quad - \cos\beta\,\sin\beta\,\sin\gamma\,\cos\alpha''.\end{aligned}$$

Die Division durch $\sin\beta$ ergibt schließlich die Satzaussage, wenn man $\cos\gamma'' = -\cos\gamma'$ und $\cos\alpha'' = -\cos\alpha'$ beachtet. ■

Lemma 1.16 (Sphärischer Sinussatz): *Es gilt die Beziehung*

$$\frac{\sin\beta'}{\sin\beta} = \frac{\sin\gamma'}{\sin\gamma} = \frac{\sin\alpha'}{\sin\alpha}.$$

Beweis: Aus der Regel des doppelten Faktors folgt

$$\begin{aligned}|(\mathbf{a}\times\mathbf{b})\times(\mathbf{b}\times\mathbf{c})| &= |\mathbf{b}|\,|(\mathbf{a},\mathbf{b},\mathbf{c})| = V\,,\\ |(\mathbf{a}\times\mathbf{b})\times(\mathbf{b}\times\mathbf{c})| &= \sin\gamma\,\sin\alpha\,\sin\beta'.\end{aligned}$$

Analog findet man

$$\sin\alpha\,\sin\beta\,\sin\gamma' = V \quad\text{und}\quad \sin\beta\,\sin\gamma\,\sin\alpha' = V\,.$$

Daraus folgt die Behauptung. ■

Aufgaben

Die ausführlichen Lösungen zu allen Aufgaben sind auf der Internetseite *www.eagle-leipzig.de/guide-loesungen.htm* zu finden.

1.1. Zeige, dass sich die Diagonalen eines Parallelogramms gegenseitig halbieren.

1.2. Es sei $\mathbf{a} \in \mathcal{F}$ ein beliebiger Vektor. Welches geometrische Gebilde bildet die Gesamtheit der Vektoren $\frac{\mathbf{a}}{|\mathbf{a}|}$?

1.3. Man beweise, dass sich die Seitenhalbierenden in einem Dreieck in einem Punkt schneiden.

1.4. Im Parallelogramm $OABC$ werde die Seite $\overline{CB}$ durch den Punkt M halbiert. Zeige, dass die Ecktransversale $\overrightarrow{OM}$ von der Diagonalen $\overrightarrow{CA}$ ein Drittel abtrennt.

1.5. Beweise Lemma 1.2. (Hinweis: Skizze anfertigen.)

1.6. Es seien $\mathbf{a}, \mathbf{b} \in \mathbb{R}^3$ vorgegebene Vektoren. Gesucht sind alle Lösungen $\mathbf{x} \in \mathbb{R}^3$, die der Plückerschen Gleichung $\mathbf{a} \times \mathbf{x} = \mathbf{b}$ genügen. (Hinweis: Stelle ähnliche Überlegungen wie bei der Lösung von $\mathbf{a} \cdot \mathbf{x} = \mathbf{b}$ an.)

1.7. Es seien $\mathbf{a}, \mathbf{b}, \mathbf{c}, \mathbf{d}$ im Punkt O gebundene Vektoren. Gib eine geometrische Interpretation der Gleichung $(\mathbf{a} \times \mathbf{b}) \cdot (\mathbf{c} \times \mathbf{d}) = 0$ an.

1.8. Beweise die Identität $(\mathbf{a} \times \mathbf{b}) \cdot [(\mathbf{b} \times \mathbf{c}) \times (\mathbf{c} \times \mathbf{a})] = (\mathbf{a}, \mathbf{b}, \mathbf{c})^2$.

1.9. Berechne mit vektoralgebraischen Mitteln den kürzesten Abstand zweier windschiefer Geraden.

1.10. Beschreibe eine Gerade, die durch den Punkt A führt und senkrecht zu den Vektoren $\mathbf{n}_1$ und $\mathbf{n}_2$ liegt.

1.11. Für die Vektorgleichung $(3\mathbf{e}_1 + 5\mathbf{e}_2) \times \mathbf{x} = 6\mathbf{e}_1 - \mathbf{e}_3$ gebe man alle Lösungen $\mathbf{x}$ an.

1.12. Man zerlege den Vektor $\mathbf{x} = 3\mathbf{e}_1 - \mathbf{e}_2 + 4\mathbf{e}_3$ komponentenweise nach den Vektoren $\mathbf{a} = \mathbf{e}_1, \mathbf{b} = \mathbf{e}_1 + \mathbf{e}_2$ und $\mathbf{c} = \mathbf{e}_1 + \mathbf{e}_2 + \mathbf{e}_3$. (Lösung: $\mathbf{x} = 4\mathbf{a} - 5\mathbf{b} + 4\mathbf{c}$.)

1.13. a) Welche Entfernung a auf der Erdkugel (entlang eines Großkreises) haben New York ($41°$ n.B., $74°$ w.L.) und Lissabon ($38°$ n.B., $9°$ w.L.)? b) Unter welchem Winkel ψ schneidet der Großkreisbogen von New York nach Lissabon den Meridian in New York? (Lösungen: $a = 5452\,km$, $\psi = 71,1°$.)

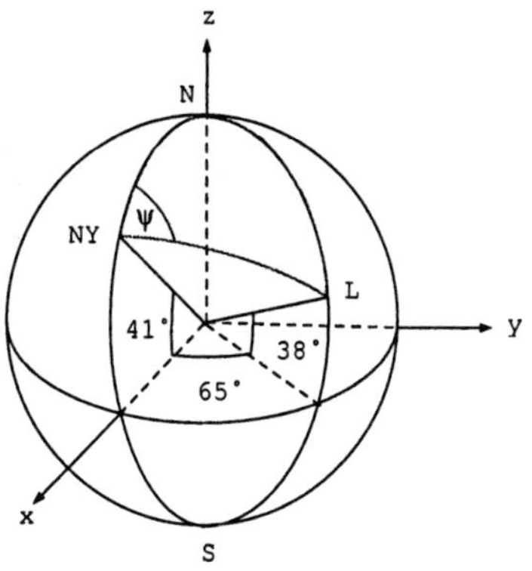

Abbildung 1.9

2 Differentialoperatoren

2.1 Basissysteme

Wir beginnen mit der Auswahl dreier Vektoren der Länge 1, die in folgender Weise erfolgt: $\mathbf{e}_1$ sei ein gegebener Einheitsvektor, $\mathbf{e}_2$ werde orthogonal zu $\mathbf{e}_1$ gewählt und $\mathbf{e}_3$ orthogonal zu $\mathbf{e}_1$ und $\mathbf{e}_2$, also $\mathbf{e}_3 = \mathbf{e}_1 \times \mathbf{e}_2$. Die so konstruierten Vektoren heißen *Einheitsvektoren* eines rechtwinkligen kartesischen Koordinatensystems. Es wird der Ortsvektor $\mathbf{x} = \mathbf{x}(v_1, v_2, v_3) =: \mathbf{x}(\mathbf{v})$ untersucht, der bezüglich der Einheitsvektoren gegeben ist und von den Parametern v_1, v_2 und v_3 abhängt, wobei $\mathbf{v} = (v_1, v_2, v_3)$ gesetzt ist. Damit gilt

$$\mathbf{x} = \mathbf{x}(\mathbf{v}) = \sum_{i=1}^{3} x_i(\mathbf{v})\mathbf{e}_i = \begin{pmatrix} x_1(v_1, v_2, v_3) \\ x_2(v_1, v_2, v_3) \\ x_3(v_1, v_2, v_3) \end{pmatrix}.$$

Wir definieren

$$\boxed{\mathbf{g}_i := \partial_i \mathbf{x} = \frac{\partial \mathbf{x}}{\partial v_i}.}$$

Man beachte, dass diese Vektoren im Allgemeinen nicht die Länge 1 haben! Mit $(\mathbf{g}_1, \mathbf{g}_2, \mathbf{g}_3)$ wird das Spatprodukt der Vektoren $\mathbf{g}_1, \mathbf{g}_2$ und $\mathbf{g}_3$ bezeichnet. Um zu garantieren, dass die Vektoren $\mathbf{g}_1, \mathbf{g}_2, \mathbf{g}_3$ ein Rechtssystem bilden, fordern wir $(\mathbf{g}_1, \mathbf{g}_2, \mathbf{g}_3) = V > 0$. Das Vektor-System $\{\mathbf{g}_1, \mathbf{g}_2, \mathbf{g}_3\}$ heißt *lokale Basis*.

Definition 2.1 (Reziproke Basis): *Das durch die Vektoren*

$$\mathbf{g}^1 := \frac{\mathbf{g}_2 \times \mathbf{g}_3}{V}, \quad \mathbf{g}^2 := \frac{\mathbf{g}_3 \times \mathbf{g}_1}{V}, \quad \mathbf{g}^3 := \frac{\mathbf{g}_1 \times \mathbf{g}_2}{V}$$

definierte Vektor-System $\{\mathbf{g}^1, \mathbf{g}^2, \mathbf{g}^3\}$ *heißt die zu* $\{\mathbf{g}_1, \mathbf{g}_2, \mathbf{g}_3\}$ *reziproke Basis.*

Folgerung 2.2 (Orthonormalität): *Es gilt*

$$\mathbf{g}_i \cdot \mathbf{g}^j = \delta_{ij} = \begin{cases} 1, & i = j \\ 0, & i \neq j \end{cases}.$$

Beweis: Es ist ausreichend, stellvertretend die beiden Produkte $\mathbf{g}_1 \cdot \mathbf{g}^1$ und $\mathbf{g}_1 \cdot \mathbf{g}^2$ zu betrachten. Wir haben

$$\mathbf{g}_1 \cdot \mathbf{g}^1 = \mathbf{g}_1 \cdot \frac{\mathbf{g}_2 \times \mathbf{g}_3}{V} = \frac{V}{V} = 1.$$

Andererseits ist

$$\mathbf{g}_1 \cdot \mathbf{g}^2 = \mathbf{g}_1 \cdot \frac{\mathbf{g}_3 \times \mathbf{g}_1}{V} = \frac{\mathbf{g}_3 \times \mathbf{g}_1 \cdot \mathbf{g}_1}{V} = \frac{(\mathbf{g}_3, \mathbf{g}_1, \mathbf{g}_1)}{V} = 0. \qquad \blacksquare$$

Durch die Anwendung der Definition der reziproken Basis erhält man:

Folgerung 2.3: *Die zu* $\{\mathbf{g}^1, \mathbf{g}^2, \mathbf{g}^3\}$ *reziproke Basis ist die Ausgangsbasis* $\{\mathbf{g}_1, \mathbf{g}_2, \mathbf{g}_3\}$.

Es sei nunmehr $\mathbf{u} \in \mathbb{R}^3$. Der Vektor $\mathbf{u}$ kann bezüglich der Basen $\{\mathbf{g}_1, \mathbf{g}_2, \mathbf{g}_3\}$ oder $\{\mathbf{g}^1, \mathbf{g}^2, \mathbf{g}^3\}$ eindeutig beschrieben werden. Diese Darstellungen lauten dann

$$\mathbf{u} = \sum_{i=1}^{3} u^i \mathbf{g}_i, \qquad \mathbf{u} = \sum_{i=1}^{3} u_i \mathbf{g}^i.$$

Die Zahlen u^i werden *kontravariante Koordinaten* des Vektors $\mathbf{u}$ genannt, während die Zahlen u_i *kovariante Koordinaten* heißen. Offensichtlich gelten die Beziehungen

$$u^i = \mathbf{u} \cdot \mathbf{g}^i \quad \text{und} \quad u_i = \mathbf{u} \cdot \mathbf{g}_i \quad \text{für } i = 1, 2, 3.$$

Im Falle einer Basis, die aus paarweise senkrechten Einheitsvektoren besteht, stimmen die kovarianten und die kontravarianten Koordinaten überein. Wir geben nun wichtige Beispiele von Koordinaten-Systemen an.

Rechtwinklige kartesische Koordinaten

Wir setzen $x_i(\mathbf{v}) = v_i$ für $i = 1,2,3$. In diesem Fall gilt

$$\mathbf{g}_1 = \mathbf{g}^1 = \mathbf{e}_1, \quad \mathbf{g}_2 = \mathbf{g}^2 = \mathbf{e}_2, \quad \mathbf{g}_3 = \mathbf{g}^3 = \mathbf{e}_3.$$

Zylinderkoordinaten

In Zylinderkoordinaten wird die Lage des Ortsvektors $\mathbf{x}$ nicht bezüglich seiner Komponenten parallel zu den Einheitsvektoren $\mathbf{e}_i$, sondern bezüglich des Abstandes r von der z-Achse (Radius), dem Winkel γ zwischen der positiven x-Achse sowie dem Radius und der Komponente in z-Richtung angegeben (siehe Abbildung 2.1, links). Somit sei $v_1 = r$, $v_2 = \gamma$, $v_3 = z$. Der Ortsvektor ist nun durch

$$\mathbf{x} = (r\cos\gamma)\mathbf{e}_1 + (r\sin\gamma)\mathbf{e}_2 + z\mathbf{e}_3$$

gegeben, wobei $r \geq 0$, $0 \leq \gamma \leq 2\pi$ und $z \in \mathbb{R}$ gelten soll. Wir erhalten daraus die lokale Basis:

$$\begin{aligned}
\mathbf{g}_1 &= \partial_r \mathbf{x} = (\cos\gamma)\,\mathbf{e}_1 + (\sin\gamma)\,\mathbf{e}_2\,,\\
\mathbf{g}_2 &= \partial_\gamma \mathbf{x} = (-r\sin\gamma)\,\mathbf{e}_1 + (r\cos\gamma)\,\mathbf{e}_2\,,\\
\mathbf{g}_3 &= \partial_z \mathbf{x} = \mathbf{e}_3\,.
\end{aligned}$$

Die Basisvektoren $\mathbf{g}_1$ und $\mathbf{g}_2$ liegen in der xy-Ebene und stehen senkrecht aufeinander. Der Basisvektor $\mathbf{g}_3$ ist mit dem Einheitsvektor $\mathbf{e}_3$ identisch. In der Physik sind für die auf die Länge 1 normierten Basisvektoren $\{\mathbf{g}_1^0, \mathbf{g}_2^0, \mathbf{g}_3^0\}$ die Bezeichnungen $\{\mathbf{e}_r, \mathbf{e}_\gamma, \mathbf{e}_z\}$ gebräuchlich. Mit $V = (\mathbf{g}_1, \mathbf{g}_2, \mathbf{g}_3) = \mathbf{g}_3 \cdot (\mathbf{g}_1 \times \mathbf{g}_2) = r$ lautet die reziproke Basis

$$\begin{aligned}
\mathbf{g}^1 &= \frac{\mathbf{g}_2 \times \mathbf{g}_3}{r} = [(\cos\gamma)\,\mathbf{e}_1 + (\sin\gamma)\,\mathbf{e}_2] = \mathbf{g}_1,\\
\mathbf{g}^2 &= \frac{\mathbf{g}_3 \times \mathbf{g}_1}{r} = \frac{1}{r}[(-\sin\gamma)\,\mathbf{e}_1 + (\cos\gamma)\,\mathbf{e}_2] = \frac{1}{r^2}\mathbf{g}_2,\\
\mathbf{g}^3 &= \frac{\mathbf{g}_1 \times \mathbf{g}_2}{r} = \mathbf{g}_3 = \mathbf{e}_3.
\end{aligned}$$

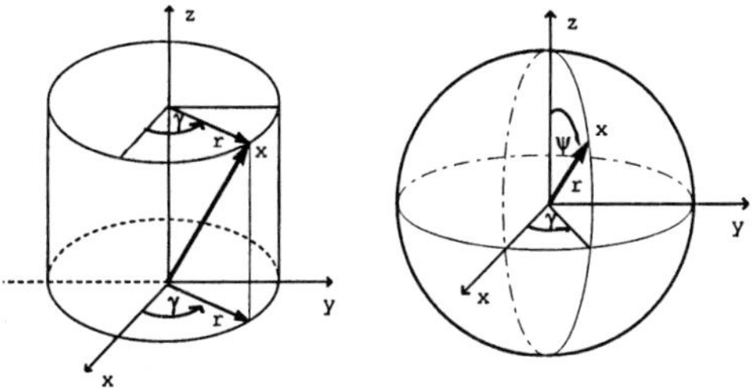

Abbildung 2.1

Kugelkoordinaten

In Kugelkoordinaten wird die Lage des Ortsvektors $\mathbf{x}$ mit Hilfe des Abstandes r des Punktes X vom Koordinatenursprung (*Radius*), dem Winkel γ zwischen dem Radius und der positiven x-Achse (*Meridian*) sowie dem Winkel ψ zwischen Radius und positiver z-Achse (*Polwinkel*) beschrieben (siehe Abbildung 2.1, rechts). Somit sei $v_1 = r$, $v_2 = \psi$, $v_3 = \gamma$, mit $0 \leq r < \infty$, $0 \leq \gamma < 2\pi$ und $0 \leq \psi < \pi$. Der Ortsvektor $\mathbf{x}$ wird nun durch

$$\mathbf{x} = (r \sin\psi \cos\gamma)\,\mathbf{e}_1 + (r \sin\psi \sin\gamma)\,\mathbf{e}_2 + (r \cos\psi)\,\mathbf{e}_3$$

dargestellt. Analog zur Rechnung in Zylinderkoordinaten folgt

$$\begin{aligned}
\mathbf{g}_1 &= (\sin\psi \cos\gamma)\,\mathbf{e}_1 + (\sin\psi \sin\gamma)\,\mathbf{e}_2 + (\cos\psi)\,\mathbf{e}_3,\\
\mathbf{g}_2 &= (r\cos\psi \cos\gamma)\,\mathbf{e}_1 + (r\cos\psi \sin\gamma)\,\mathbf{e}_2 - (r\sin\psi)\,\mathbf{e}_3,\\
\mathbf{g}_3 &= (-r\sin\psi \sin\gamma)\,\mathbf{e}_1 + (r\sin\psi \cos\gamma)\,\mathbf{e}_2.
\end{aligned}$$

Mit $V = r^2 \sin\psi$ erhält man die reziproke Basis:

$$\mathbf{g}^1 = \mathbf{g}_1, \quad \mathbf{g}^2 = \frac{1}{r^2}\,\mathbf{g}_2, \quad \mathbf{g}^3 = \frac{1}{r^2 \sin^2\psi}\,\mathbf{g}_3.$$

Wiederum ist zu bemerken, dass es in Anwendungen üblich ist, die auf die Länge 1 normierten Basisvektoren $\{\mathbf{g}_1^0, \mathbf{g}_2^0, \mathbf{g}_3^0\}$ zu verwenden. Für diese sind die Bezeichnungen $\{\mathbf{e}_r, \mathbf{e}_\psi, \mathbf{e}_\gamma\}$ gebräuchlich.

Krummlinige orthogonale Koordinaten

Es sei $h_i = |\mathbf{g}_i|$. Mit $\mathbf{g}_i^0$ werde der Einheitsvektor in Richtung $\mathbf{g}_i$ bezeichnet. Krummlinige orthogonale Koordinaten zeichnen sich dadurch aus, dass die Basisvektoren $\mathbf{g}_1$, $\mathbf{g}_2$ und $\mathbf{g}_3$ paarweise orthogonal sind, d. h. $\mathbf{g}_i \cdot \mathbf{g}_j = h_i h_j \delta_{ij}$. Somit gilt

$$\mathbf{g}_i^0 = \frac{\mathbf{g}_j \times \mathbf{g}_k}{h_j h_k} \quad \text{und} \quad \mathbf{g}^i = \frac{\mathbf{g}_j \times \mathbf{g}_k}{h_i h_j h_k}.$$

Daraus folgt $h_i \mathbf{g}^i = \mathbf{g}_i^0$.

Folgerung 2.4: *Rechtwinklig kartesische Koordinaten, Zylinderkoordinaten und Kugelkoordinaten sind Beispiele krummlinig orthogonaler Koordinaten.*

2.2 Differentialoperatoren der Feldtheorie

Differentialoperatoren spielen in der Physik eine fundamentale Rolle. Die Wichtigsten unter ihnen sollen im Folgenden behandelt werden. Zunächst sei $\mathbf{x} = \mathbf{x}(\mathbf{v}) = \sum_{i=1}^{3} x_i(\mathbf{v})\mathbf{e}_i$ ein Ortsvektor mit zweimal stetig differenzierbaren Koordinatenfunktionen $x_i = x_i(\mathbf{v})$. Mit $\partial_i := \frac{\partial}{\partial v_i}$ besitzt das Differential $\mathbf{dx}$ dann die Darstellung

$$\mathbf{dx} = \sum_{i=1}^{3} \partial_i \mathbf{x}\, dv_i = \sum_{i=1}^{3} \mathbf{g}_i\, dv_i.$$

Wegen $\mathbf{g}_i \cdot \mathbf{g}^j = \delta_{ij}$ gilt

$$\mathbf{dx} \cdot \mathbf{g}^j = \sum_{i=1}^{3} (dv_i\, \mathbf{g}_i) \cdot \mathbf{g}^j = \sum_{i=1}^{3} dv_i\, (\mathbf{g}_i \cdot \mathbf{g}^j) = dv_j.$$

Dieses Ergebnis wird in den folgenden Abschnitten häufig benutzt werden. Wir wenden uns nun konkreten Differentialoperatoren zu.

2.2.1 Gradient

Es sei $\varphi = \varphi(\mathbf{v})$ eine skalare stetig differenzierbare Funktion. Dann gilt

$$d\varphi = \sum_{i=1}^{3} (\partial_i \varphi)\, dv_i = \sum_{i=1}^{3} (\partial_i \varphi)(\mathbf{g}^i \cdot \mathbf{dx}) = \sum_{i=1}^{3} (\mathbf{g}^i\, \partial_i \varphi) \cdot \mathbf{dx}.$$

Definition 2.5 (Gradient): *Der Vektor*

$$\boxed{\operatorname{grad} \varphi := \sum_{i=1}^{3} \mathbf{g}^i\, \partial_i \varphi}$$

heißt Gradient *von φ bezüglich der Basis $\{\mathbf{g}_1, \mathbf{g}_2, \mathbf{g}_3\}$, und man schreibt*

$$d\varphi = \operatorname{grad} \varphi \cdot \mathbf{dx}.$$

In den entsprechenden Koordinaten erhalten wir die folgenden Darstellungen.

Rechtwinklig kartesische Koordinaten:

$$\operatorname{grad} \varphi = \sum_{i=1}^{3} \partial_i \varphi\, \mathbf{e}_i$$

Zylinderkoordinaten:

$$\operatorname{grad} \varphi = \left(\frac{\partial \varphi}{\partial r}\right) \mathbf{e}_r + \left(\frac{1}{r} \frac{\partial \varphi}{\partial \gamma}\right) \mathbf{e}_\gamma + \left(\frac{\partial \varphi}{\partial z}\right) \mathbf{g}_z$$

Kugelkoordinaten:

$$\operatorname{grad} \varphi = \left(\frac{\partial \varphi}{\partial r}\right) \mathbf{e}_r + \left(\frac{1}{r} \frac{\partial \varphi}{\partial \psi}\right) \mathbf{e}_\psi + \left(\frac{1}{r \sin \psi} \frac{\partial \varphi}{\partial \gamma}\right) \mathbf{e}_\gamma$$

Krummlinig orthogonale Koordinaten:

$$\text{grad}\,\varphi = \sum_{i=1}^{3} \frac{1}{h_i}\,\partial_i \varphi\, \mathbf{g}_i^0$$

Satz 2.6 (Eigenschaften des Gradienten): *Der Gradient zeigt in die Richtung der größten Änderung von* φ *und ist senkrecht zu den Niveauflächen* $\varphi = \text{const}$. *Zudem gilt*

$$\oint \text{grad}\,\varphi \cdot \mathbf{dx} = 0.$$

Das Symbol $\oint$ *bezeichnet dabei das Integral über einen geschlossenen Weg.*

Beweis: Es gilt $|d\varphi| = |\text{grad}\,\varphi \cdot \mathbf{dx}| = |\text{grad}\,\varphi||\mathbf{dx}|\cos\alpha$, wobei α den Winkel zwischen grad φ und $\mathbf{dx}$ bezeichnet. Offenbar ist die Änderung von φ maximal, wenn $\alpha = 0$, also grad φ und $\mathbf{dx}$ gleichgerichtet sind. Nun liege $\mathbf{dx}$ in einer Niveaufläche. Dann gilt $0 = \varphi(\mathbf{x}+\mathbf{dx}) - \varphi(\mathbf{x}) = d\varphi = \text{grad}\,\varphi \cdot \mathbf{dx}$. Da $\mathbf{dx}$ und grad φ im Allgemeinen verschieden von Null sind, müssen sie senkrecht aufeinander stehen. Somit steht grad φ senkrecht auf der Niveaufläche. Weiter gilt für beliebige Punkte P_1 und P_2

$$\int_{P_1}^{P_2} \text{grad}\,\varphi \cdot \mathbf{dx} = \int_{P_1}^{P_2} d\varphi = \varphi(P_2) - \varphi(P_1).$$

Im Falle eines geschlossenen Weges gilt $P_1 = P_2$ und das Integral verschwindet. ∎

2.2.2 Divergenz

Definition 2.7 (Divergenz): *Es sei* $\mathbf{u}$ *ein Vektorfeld mit* $u_i, u^i \in C^1$ *für* $i = 1, 2, 3$. *Als* Divergenz *des Vektorfeldes* $\mathbf{u}$ *bezüglich der loka-*

len Basis $\{\mathbf{g}_1, \mathbf{g}_2, \mathbf{g}_3\}$ *bezeichnet man die Größe*

$$\boxed{\operatorname{div}\mathbf{u} := \sum_{i=1}^{3} \mathbf{g}^i \cdot \partial_i \mathbf{u}.}$$

Den Zahlenwert von div $\mathbf{u}$ *nennt man* Quellergiebigkeit *oder* Quelldichte *von* $\mathbf{u}$.

Lemma 2.8: *In krummlinig orthogonalen Koordinaten gilt*

$$\operatorname{div}\mathbf{u} = \frac{1}{V}\sum_{i=1}^{3} \partial_i (V\, u^i).$$

Beweis: Wir benutzen $h_i^2 \mathbf{g}^i = \mathbf{g}_i$ und $\partial_i \mathbf{g}_k = \partial_k \mathbf{g}_i$. Es gilt mit $\mathbf{u} = \sum_{i=1}^{3} u^k \mathbf{g}_k$

$$\operatorname{div}\mathbf{u} = \sum_{i=1}^{3} \mathbf{g}^i \cdot \partial_i \mathbf{u} = \sum_{i=1}^{3} \partial_i u^i + \sum_{i,k=1}^{3} u^k \mathbf{g}^i \cdot \partial_k \mathbf{g}_i.$$

Weiterhin haben wir

$$\mathbf{g}^i \cdot \partial_k \mathbf{g}_i = \frac{1}{h_i^2} \mathbf{g}_i \cdot \partial_k \mathbf{g}_i = \frac{1}{2h_i^2} \partial_k (\mathbf{g}_i \cdot \mathbf{g}_i) = \frac{1}{2h_i^2} \partial_k (h_i^2) = \frac{1}{h_i} \partial_k h_i.$$

Daraus folgt

$$\sum_{i,k=1}^{3} u^k \mathbf{g}^i \cdot \partial_k \mathbf{g}_i = \sum_{i=1}^{3} \frac{u_k \partial_k h_i}{h_i} = \frac{1}{V} \sum_{k=1}^{3} u_k \partial_k V.$$

Den letzten Schritt kann man am Besten nachvollziehen, indem man die Summe über den Index i explizit ausschreibt. Somit folgt

$$\operatorname{div}\mathbf{u} = \sum_{i=1}^{3} \partial_i u^i + \sum_{i,k=1}^{3} u^k \mathbf{g}^i \cdot \partial_k \mathbf{g}_i = \frac{1}{V} \sum_{i=1}^{3} \partial_i (u^i V).$$ ■

Damit lässt sich nun leicht die Divergenz in kartesischen Koordinaten sowie in Zylinder- und Kugelkoordinaten aufschreiben. Dabei beziehen wir das Vektorfeld $\mathbf{u}$ auf die normierte Basis $\{\mathbf{g}_1^0, \mathbf{g}_2^0, \mathbf{g}_3^0\}$, da dies die in der Physik bevorzugte Darstellung ist.

Kartesische Koordinaten: $\mathbf{u} = u^1\mathbf{e}_1 + u^2\mathbf{e}_2 + u^3\mathbf{e}_3$

$$\operatorname{div}\mathbf{u} = \frac{\partial u^1}{\partial x} + \frac{\partial u^2}{\partial y} + \frac{\partial u^3}{\partial z}$$

Zylinderkoordinaten: $\mathbf{u} = u_r\mathbf{e}_r + u_\gamma\mathbf{e}_\gamma + u_z\mathbf{e}_z$

$$\operatorname{div}\mathbf{u} = \frac{1}{r}\frac{\partial(r\,u_r)}{\partial r} + \frac{1}{r}\frac{\partial u_\gamma}{\partial \gamma} + \frac{\partial u_z}{\partial z}$$

Kugelkoordinaten: $\mathbf{u} = u_r\mathbf{e}_r + u_\psi\mathbf{e}_\psi + u_\gamma\mathbf{e}_\gamma$

$$\operatorname{div}\mathbf{u} = \frac{1}{r^2}\frac{\partial(r^2\,u_r)}{\partial r} + \frac{1}{r\sin\psi}\frac{\partial(\sin\psi\,u_\psi)}{\partial\psi} + \frac{1}{r\sin\psi}\frac{\partial u_\gamma}{\partial\gamma}$$

Definition 2.9 (Fluss): *Es seien $G \subset \mathbb{R}^3$ ein beschränktes Gebiet mit der Oberfläche Γ und $\mathbf{u} \in C^1(G)$ ein Vektorfeld. Das Oberflächenintegral*

$$\Phi_\Gamma = \iint_\Gamma \mathbf{u}\cdot\mathbf{df}$$

heißt Fluss *von $\mathbf{u}$ durch ∂G.*

Satz 2.10: *Es sei $Q \subset \mathbb{R}^3$ ein infinitesimales Parallelepiped mit den Kantenlängen $\mathbf{g}_i dv_i$ $(i = 1,2,3)$. Die orientierten Seitenflächen $\mathbf{df}_i$ seien durch*

$$\mathbf{df}_i = (\mathbf{g}_j \times \mathbf{g}_k)\,dv_j\,dv_k$$

gegeben. Hierbei ist $j = i+1$ und $k = j+1$. Nach der Ziffer 3 soll es mit 1 weitergehen (zyklische Indizes). Dann gilt für den Fluss *eines in Q stetig differenzierbaren Vektorfeldes* $\mathbf{u}$*, welches die Seitenflächen des Parallelepipeds durchsetzt, die Formel*

$$\boxed{\Phi_{\partial Q} = \sum_{i=1}^{6} \mathbf{u} \cdot \mathbf{df}_i = \operatorname{div} \mathbf{u} \; dQ}$$

mit $dQ = V\, dv_1\, dv_2\, dv_3$.

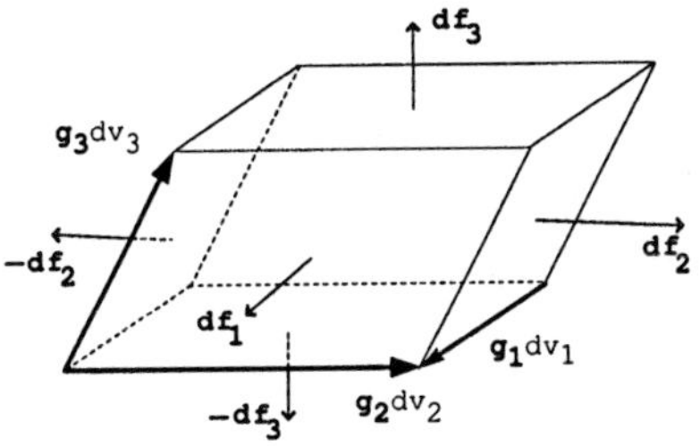

Abbildung 2.2

Beweisskizze: Es gilt nach der Taylor'schen Formel

$$\mathbf{u}(\cdot, v_i + dv_i, \cdot) - \mathbf{u}(\cdot, v_i, \cdot) = \partial_i \mathbf{u}(\mathbf{v}) dv_i + o(dv_i).$$

Für das Parallelepiped Q folgt

$$\begin{aligned}
\sum_{i=1}^{6} \mathbf{u} \cdot \mathbf{df}_i &= \sum_{i=1}^{3} (\mathbf{u} + \partial_i \mathbf{u}\, dv_i) \cdot (\mathbf{g}_j \times \mathbf{g}_k)\, dv_j\, dv_k \\
&\quad - \sum_{i=1}^{3} \mathbf{u} \cdot (\mathbf{g}_j \times \mathbf{g}_k)\, dv_j\, dv_k \\
&= \sum_{i=1}^{3} \partial_i \mathbf{u} \cdot (\mathbf{g}_j \times \mathbf{g}_k)\, dv_i\, dv_j\, dv_k = \sum_{i=1}^{3} \mathbf{g}^i \cdot \partial_i \mathbf{u}\, dQ.
\end{aligned}$$

Mit der Definition der Divergenz folgt die Behauptung. ■

Bemerkung: Die physikalische Aussage des soeben bewiesenen Satzes ist die, dass der Fluss eines Vektorfeldes durch eine geschlossene Oberfläche gleich der Quellergiebigkeit des Vektorfeldes innerhalb der Fläche ist.

Satz 2.11: *Unter den Voraussetzungen von Satz 2.10 gilt*

$$\sum_{i=1}^{6} \varphi\, \mathbf{df}_i = \text{grad}\, \varphi\, dQ\,,$$

wobei $\varphi = \varphi(\mathbf{v})$ eine in Q stetig differenzierbare skalare Funktion ist.

Beweis: Um Satz 2.11 zu beweisen, nutzt man die gleiche Strategie wie schon im vorigen Beweis. Dies sei dem Leser zur Übung empfohlen (siehe Aufgabe 2.6). ■

2.2.3 Rotation

Definition 2.12 (Rotation): *Es seien $G \subset \mathbb{R}^3$ und $\mathbf{u} \in C^1(G)$ ein Vektorfeld. Dann heißt*

$$\boxed{\text{rot}\, \mathbf{u} := \frac{1}{V} \sum_{i=1}^{3} \left[\partial_j(\mathbf{g}_k \cdot \mathbf{u}) - \partial_k(\mathbf{g}_j \cdot \mathbf{u})\right] \mathbf{g}_i}$$

bei zyklischer Summation Rotation *von $\mathbf{u}$. Der Betrag von* rot $\mathbf{u}$ *kennzeichnet die* Wirbeldichte *des Vektorfeldes. Wir vereinbaren die formale Schreibweise*

$$\text{rot}\, \mathbf{u} := \frac{1}{V} \begin{vmatrix} \mathbf{g}_1 & \mathbf{g}_2 & \mathbf{g}_3 \\ \partial_1 & \partial_2 & \partial_3 \\ u_1 & u_2 & u_3 \end{vmatrix}.$$

Folgerung 2.13: *Für krummlinige orthogonale Koordinaten erhalten wir für die Rotation*

$$\text{rot}\, \mathbf{u} = \frac{1}{h_1 h_2 h_3} \begin{vmatrix} h_1 \mathbf{g}_1^0 & h_2 \mathbf{g}_2^0 & h_3 \mathbf{g}_3^0 \\ \partial_1 & \partial_2 & \partial_3 \\ h_1 u_0^1 & h_2 u_0^2 & h_3 u_0^3 \end{vmatrix}.$$

Dabei ist $\mathbf{u} = \sum_{i=1}^{3} u_0^i \mathbf{g}_i^0$ *der Vektor* $\mathbf{u}$ *in kontravarianten Koordinaten bezüglich der Einheitsbasis* $\{\mathbf{g}_1^0, \mathbf{g}_2^0, \mathbf{g}_3^0\}$*. Die Formel folgt aus* $h_i \mathbf{g}_i^0 = \mathbf{g}_i$ *und der leicht herzuleitenden Beziehung* $u_i = h_i u_0^i$.

Daraus lassen sich folgende Darstellungen der Rotation in kartesischen Koordinaten sowie in Zylinder- und Kugelkoordinaten bezüglich der jeweiligen Einheitsbasis herleiten.

Kartesische Koordinaten: $\mathbf{u} = u^1 \mathbf{e}_1 + u^2 \mathbf{e}_2 + u^3 \mathbf{e}_3$

$$\operatorname{rot} \mathbf{u} = \left(\frac{\partial u^3}{\partial y} - \frac{\partial u^2}{\partial z} \right) \mathbf{e}_1 + \left(\frac{\partial u^1}{\partial z} - \frac{\partial u^3}{\partial x} \right) \mathbf{e}_2 + \left(\frac{\partial u^2}{\partial x} - \frac{\partial u^1}{\partial y} \right) \mathbf{e}_3$$

Zylinderkoordinaten: $\mathbf{u} = u_r \mathbf{e}_r + u_\gamma \mathbf{e}_\gamma + u_z \mathbf{e}_z$

$$\operatorname{rot} \mathbf{u} = \left(\frac{1}{r} \frac{\partial u_z}{\partial \gamma} - \frac{\partial u_\gamma}{\partial z} \right) \mathbf{e}_r + \left(\frac{\partial u_r}{\partial z} - \frac{\partial u_z}{\partial r} \right) \mathbf{e}_\gamma + \left(\frac{1}{r} \frac{\partial (r\, u_\gamma)}{\partial r} - \frac{1}{r} \frac{\partial u_r}{\partial \gamma} \right) \mathbf{e}_z$$

Kugelkoordinaten: $\mathbf{u} = u_r \mathbf{e}_r + u_\psi \mathbf{e}_\psi + u_\gamma \mathbf{e}_\gamma$

$$\operatorname{rot} \mathbf{u} = \frac{1}{r \sin \psi} \left(\frac{\partial (u_\gamma \sin \psi)}{\partial \psi} - \frac{\partial u_\psi}{\partial \gamma} \right) \mathbf{e}_r + \frac{1}{r} \left(\frac{1}{\sin \psi} \frac{\partial u_r}{\partial \gamma} - \frac{\partial (r\, u_\gamma)}{\partial r} \right) \mathbf{e}_\psi + \frac{1}{r} \left(\frac{\partial (r\, u_\psi)}{\partial r} - \frac{\partial u_r}{\partial \psi} \right) \mathbf{e}_\gamma$$

Man beachte, dass $\mathbf{e}_r$ in Kugelkoordinaten nicht der Größe $\mathbf{e}_r$ in Zylinderkoordinaten entspricht.

Definition 2.14 (Zirkulation): *Es seien G ein beschränktes Gebiet in $\mathbb{R}^2$ und $\mathbf{u} \in C^1(G)$ ein Vektorfeld. Die Größe*

$$Z_\gamma = \oint_\gamma \mathbf{u} \cdot \mathbf{dx} \quad \textit{mit} \quad \gamma \subset G$$

heißt Zirkulation *von $\mathbf{u}$ längs des geschlossenen Wegs γ. Außerdem wird die Größe* $|\text{rot}\,\mathbf{u}|$ Wert der Zirkulation pro Flächeneinheit *genannt.*

Satz 2.15: *Es sei Π ein infinitesimales Parallelogramm mit den Kantenlängen $\mathbf{dx}$ und $\delta\mathbf{x}$ sowie $\mathbf{u} \in C^1(G)$, $\Pi \subset G$, wobei G ein beschränktes Gebiet in $\mathbb{R}^2$ ist (siehe Abbildung 2.3). Dann gilt*

$$\boxed{Z_{\partial\Pi} = \text{rot}\,\mathbf{u} \cdot \mathbf{n}\,d\sigma.}$$

Dabei sind $\mathbf{n}\,d\sigma = \mathbf{dx} \times \delta\mathbf{x}$ und $d\sigma = |\mathbf{dx} \times \delta\mathbf{x}|$ jeweils das vektorielle beziehungsweise das skalare Flächenelement.

Beweis: Der geschlossene Weg γ ist in mathematisch positiver Richtung zu durchlaufen. Wählen wir das Feld $\mathbf{u}(\mathbf{x})$ in der Mitte des infinitesimal kleinen Parallelogramms, dann ist das Feld entlang des Wegelements $\mathbf{dx}$ durch $\mathbf{u}(\mathbf{x} - \frac{1}{2}\delta\mathbf{x})$ gegeben (siehe Abbildung 2.3). Die Felder entlang der anderen Wegelemente ergeben sich analog. Damit gilt

$$\begin{aligned} Z_{\partial\Pi} &= \mathbf{u}\left(\mathbf{x} + \frac{1}{2}\mathbf{dx}\right) \cdot \delta\mathbf{x} - \mathbf{u}\left(\mathbf{x} - \frac{1}{2}\mathbf{dx}\right) \cdot \delta\mathbf{x} \\ &\quad + \mathbf{u}\left(\mathbf{x} - \frac{1}{2}\delta\mathbf{x}\right) \cdot \mathbf{dx} - \mathbf{u}\left(\mathbf{x} + \frac{1}{2}\delta\mathbf{x}\right) \cdot \mathbf{dx}. \end{aligned}$$

Für $\mathbf{u}(\mathbf{x} + \frac{\mathbf{dx}}{2})$ findet man

$$\begin{aligned} \mathbf{u}\left(\mathbf{x} + \frac{\mathbf{dx}}{2}\right) - \mathbf{u}(\mathbf{x}) &= \frac{1}{2}\sum_{i=1}^{3} \frac{\partial \mathbf{u}}{\partial x_i}\,dx_i = \frac{1}{2}\sum_{i=1}^{3} \frac{\partial \mathbf{u}}{\partial v_i}\frac{\partial v_i}{\partial x_i}\,dx_i \\ &= \frac{1}{2}\sum_{i=1}^{3} \frac{\partial \mathbf{u}}{\partial v_i}\,dv_i = \frac{1}{2}\sum_{i=1}^{3} \frac{\partial \mathbf{u}}{\partial v_i}\,(\mathbf{g}^i \cdot \mathbf{dx}). \end{aligned}$$

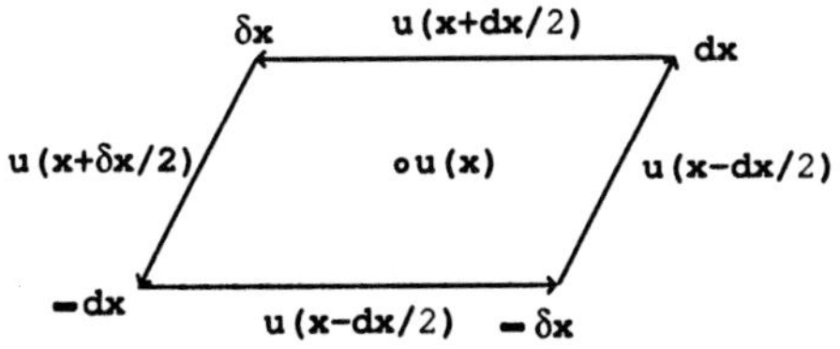

Abbildung 2.3

Mit den entsprechenden Resultaten für die Ausdrücke $\mathbf{u}(\mathbf{x} - \frac{1}{2}\mathbf{dx})$, $\mathbf{u}\ (\mathbf{x} +\ \frac{1}{2}\ \delta\ \mathbf{x})$ und $\mathbf{u}(\mathbf{x} - \frac{1}{2}\delta\mathbf{x})$ findet man

$$Z_{\partial\Pi} = \sum_{i=1}^{3}[(\partial_i\mathbf{u}\cdot\delta\mathbf{x})(\mathbf{g}^i\cdot\mathbf{dx}) - (\partial_i\mathbf{u}\cdot\mathbf{dx})(\mathbf{g}^i\cdot\delta\mathbf{x})].$$

Die Anwendung der Lagrange-Identität liefert

$$Z_{\partial\Pi} = \sum_{i=1}^{3}(\mathbf{g}^i\times\partial_i\mathbf{u})\cdot(\mathbf{dx}\times\delta\mathbf{x}) = \sum_{i=1}^{3}(\mathbf{g}^i\times\partial_i\mathbf{u})\cdot\mathbf{n}\,d\sigma.$$

Nun gilt

$$\begin{aligned}\sum_{i=1}^{3}\mathbf{g}^i\times\partial_i\mathbf{u} &= \frac{1}{V}\sum_{i=1}^{3}(\mathbf{g}_j\times\mathbf{g}_k)\times\partial_i\mathbf{u}\\ &= \frac{1}{V}\sum_{i=1}^{3}\left[\mathbf{g}_k(\mathbf{g}_j\cdot\partial_i\mathbf{u}) - \mathbf{g}_j(\mathbf{g}_k\cdot\partial_i\mathbf{u})\right].\end{aligned}$$

Mit der Produktregel folgt

$$\sum_{i=1}^{3} \mathbf{g}^i \times \partial_i \mathbf{u} = \frac{1}{V} \sum_{i=1}^{3} [\mathbf{g}_k \partial_i (\mathbf{g}_j \cdot \mathbf{u}) - \mathbf{g}_j \partial_i (\mathbf{g}_k \cdot \mathbf{u})]$$

$$- \frac{1}{V} \sum_{i=1}^{3} [\mathbf{g}_k (\partial_i \mathbf{g}_j \cdot \mathbf{u}) - \mathbf{g}_j (\partial_i \mathbf{g}_k \cdot \mathbf{u})]$$

$$= \frac{1}{V} \begin{vmatrix} \mathbf{g}_1 & \mathbf{g}_2 & \mathbf{g}_3 \\ \partial_1 & \partial_2 & \partial_3 \\ \mathbf{g}_1 \cdot \mathbf{u} & \mathbf{g}_2 \cdot \mathbf{u} & \mathbf{g}_3 \cdot \mathbf{u} \end{vmatrix} = \text{rot}\, \mathbf{u}.$$

Aufgrund der Beziehung $\partial_i \mathbf{g}_k = \partial_k \mathbf{g}_i$ verschwindet im vorletzten Schritt die zweite Summe. Damit ist die Behauptung gezeigt. ■

Folgerung 2.16: *Es gilt die Beziehung*

$$\text{rot}\, \mathbf{u} = \sum_{i=1}^{3} \mathbf{g}^i \times \partial_i \mathbf{u}.$$

Satz 2.17: *Es seien $G \subset \mathbb{R}^3$ ein Gebiet und $Q \subset G$ ein Parallelepiped mit den Kantenlängen $\mathbf{g}_i dv_i$ $(i = 1, 2, 3)$. Die orientierten Seitenflächen $\mathbf{df}_i$ seien durch*

$$\mathbf{df}_i = (\mathbf{g}_j \times \mathbf{g}_k)\, dv_j\, dv_k$$

gegeben, wobei die Indizes zyklisch vertauscht werden (siehe Satz 2.10 und Abbildung 2.2). Dann gilt für ein in Q stetig differenzierbares Vektorfeld $\mathbf{u}$, welches die Seitenflächen des Parallelepipeds durchsetzt, die Formel

$$\sum_{i=1}^{6} \mathbf{u} \times \mathbf{df}_i = -\text{rot}\, \mathbf{u}\, dQ,$$

mit $dQ = V dv_1 dv_2 dv_3$.

Beweis: Um den Satz zu beweisen, folgt man dem Schema, welches schon zum Beweis von Satz 2.10 verwendet wurde. Die Ausführung des Beweises sei somit dem Leser zur Übung empfohlen (siehe Aufgabe 2.6). ■

2.3 Produktregeln der Vektoranalysis

Die Wirkungsweise der Differentialoperatoren "grad", "div" und "rot" soll nunmehr mittels einer Reihe von Beispielen aufgezeigt werden. Mit $\mathbf{u}$ und $\mathbf{v}$ werden differenzierbare Vektorfunktionen und mit φ eine differenzierbare skalare Funktion bezeichnet.

- Mit $|\mathbf{x}|^2 = \mathbf{x} \cdot \mathbf{x}$ gilt

$$\begin{aligned}\text{grad}\,|\mathbf{x}|^n &= \sum_{i=1}^{3} \mathbf{g}^i \partial_i(|\mathbf{x}|^n) = n|\mathbf{x}|^{n-2} \sum_{i=1}^{3} \mathbf{g}^i (\partial_i |\mathbf{x}|)|\mathbf{x}| \\ &= n|\mathbf{x}|^{n-2} \sum_{i=1}^{3} \mathbf{g}^i (\partial_i \mathbf{x} \cdot \mathbf{x}) = n|\mathbf{x}|^{n-2} \sum_{i=1}^{3} \mathbf{g}^i (\mathbf{x} \cdot \mathbf{g}_i) \\ &= n|\mathbf{x}|^{n-2}\mathbf{x}.\end{aligned}$$

Hierbei wurde verwendet, dass $(\partial_i \mathbf{x}) \cdot \mathbf{x} = (\partial_i |\mathbf{x}|)|\mathbf{x}|$ ist, was sofort aus $|\mathbf{x}|^2 = \mathbf{x} \cdot \mathbf{x}$ folgt.

- $$\begin{aligned}(\mathbf{u} \cdot \text{grad})\,\varphi &= \sum_{i=1}^{3} (\mathbf{u} \cdot \mathbf{g}^i \partial_i)\,\varphi = \sum_{i=1}^{3} (\mathbf{u} \cdot \mathbf{g}^i \partial_i \varphi) \\ &= \mathbf{u} \cdot \text{grad}\,\varphi.\end{aligned}$$

- $$\begin{aligned}\text{rot}\,\mathbf{x} &= \sum_{i=1}^{3} \mathbf{g}^i \times \partial_i \mathbf{x} = \sum_{i=1}^{3} \mathbf{g}^i \times \mathbf{g}_i = \sum_{i=1}^{3} (\mathbf{g}_j \times \mathbf{g}_k) \times \mathbf{g}_i \\ &= \sum_{i=1}^{3} [\mathbf{g}_k(\mathbf{g}_j \cdot \mathbf{g}_i) - \mathbf{g}_j(\mathbf{g}_k \cdot \mathbf{g}_i)] = 0.\end{aligned}$$

- $$\begin{aligned}\text{div}\,(\mathbf{a} \times \mathbf{x}) &= \sum_{i=1}^{3} \mathbf{g}^i \cdot \partial_i(\mathbf{a} \times \mathbf{x}) = \sum_{i=1}^{3} \mathbf{g}^i \cdot (\mathbf{a} \times \mathbf{g}_i) \\ &= \sum_{i=1}^{3} \mathbf{a} \cdot (\mathbf{g}_i \times \mathbf{g}^i) = \mathbf{a} \cdot \sum_{i=1}^{3} (\mathbf{g}_i \times \mathbf{g}^i) = 0.\end{aligned}$$

- $$\text{rot}\,(\mathbf{a}\times\mathbf{x}) = \sum_{i=3}^{3}\mathbf{g}^i\times(\partial_i(\mathbf{a}\times\mathbf{x})) = \sum_{i=1}^{3}\mathbf{g}^i\times(\mathbf{a}\times\mathbf{g}_i)$$
$$= \mathbf{a}\sum_{i=1}^{3}\mathbf{g}^i\cdot\mathbf{g}_i - \sum_{i=1}^{3}\mathbf{g}_i(\mathbf{g}^i\cdot\mathbf{a}) = 2\mathbf{a}.$$

- Es sei $\lambda = \text{const}$. Ein radiales Vektorfeld ist gegeben durch

$$\mathbf{w} = \lambda|\mathbf{x}|^n\mathbf{x} = \text{grad}\,\frac{\lambda|\mathbf{x}|^{n+2}}{n+2}.$$

Offenbar gilt

$$\begin{aligned}\partial_i\mathbf{w} &= n\lambda|\mathbf{x}|^{n-1}(\partial_i|\mathbf{x}|)\mathbf{x} + \lambda|\mathbf{x}|^n\partial_i\mathbf{x}\\ &= n\lambda|\mathbf{x}|^{n-2}(\mathbf{g}_i\cdot\mathbf{x})\mathbf{x} + \lambda|\mathbf{x}|^n\mathbf{g}_i\\ &= \lambda|\mathbf{x}|^{n-2}\left[n(\mathbf{g}_i\cdot\mathbf{x})\mathbf{x} + |\mathbf{x}|^2\mathbf{g}_i\right].\end{aligned}$$

Damit ergibt sich

$$\begin{aligned}(\mathbf{u}\cdot\text{grad}\,)(\lambda|\mathbf{x}|^n\mathbf{x}) &= \sum_{i=1}^{3}(\mathbf{g}^i\cdot\mathbf{u})\partial_i\mathbf{w}\\ &= \sum_{i=1}^{3}(\mathbf{g}^i\cdot\mathbf{u})\lambda|\mathbf{x}|^{n-2}\left[n(\mathbf{x}\cdot\mathbf{g}_i)\mathbf{x} + |\mathbf{x}|^2\mathbf{g}_i\right]\\ &= \lambda n|\mathbf{x}|^{n-2}(\mathbf{x}\cdot\mathbf{u})\mathbf{x} + \lambda|\mathbf{x}|^n\mathbf{u}.\end{aligned}$$

- $$\text{div}\,\lambda|\mathbf{x}|^n\mathbf{x} = \sum_{i=1}^{3}\mathbf{g}^i\cdot\partial_i\mathbf{w}$$
$$= \lambda|\mathbf{x}|^{n-2}\sum_{i=1}^{3}\left[(\mathbf{g}^i\cdot\mathbf{x})(\mathbf{g}_i\cdot\mathbf{x})n + \mathbf{g}_i\cdot\mathbf{g}^i|\mathbf{x}|^2\right]$$
$$= 3\lambda|\mathbf{x}|^n + n\lambda|\mathbf{x}|^n = (n+3)\lambda|\mathbf{x}|^n.$$

Für $n = -3$ ist $\operatorname{div} \mathbf{w} = 0$.

- $$\begin{aligned} \operatorname{rot} \lambda|\mathbf{x}|^n\mathbf{x} &= \sum_{i=1}^{3}(\mathbf{g}^i \times \partial_i \mathbf{w}) \\ &= \sum_{i=1}^{3} \mathbf{g}^i \times \left[\lambda|\mathbf{x}|^{n-2}\mathbf{x}(\mathbf{g}_i \cdot \mathbf{x})n\right] \\ &= \lambda|\mathbf{x}|^{n-2}\left[\sum_{i=1}^{3} \mathbf{g}^i \times (\mathbf{x}(\mathbf{g}_i \cdot \mathbf{x})n)\right] \\ &= \lambda|\mathbf{x}|^{n-2}\sum_{i=1}^{3}[(\mathbf{g}_i \cdot \mathbf{x})\mathbf{g}^i \times \mathbf{x}]n \\ &= \lambda|\mathbf{x}|^{n-2}n(\mathbf{x} \times \mathbf{x}) = 0 \end{aligned}$$

Der Beweis einer Reihe weiterer Identitäten sei dem Leser als Übung empfohlen:

- $\operatorname{grad} v_k = \mathbf{g}^k$
- $\operatorname{grad}(\mathbf{a} \cdot \mathbf{x}) = \mathbf{a}$. Hierbei ist $\mathbf{a}$ ein konstanter Vektor.
- $(\mathbf{u} \cdot \operatorname{grad})\mathbf{x} = \mathbf{u}$
- $\operatorname{div} \mathbf{x} = 3$
- $(\mathbf{u} \cdot \operatorname{grad})(\mathbf{a} \times \mathbf{x}) = \mathbf{a} \times \mathbf{u}$
- $(\mathbf{u} \cdot \operatorname{grad})\left(\frac{\mathbf{a}}{|\mathbf{x}|}\right) = (\mathbf{e} \cdot \mathbf{u})\mathbf{a}$. Dabei ist $\mathbf{e} = -\frac{\mathbf{x}}{|\mathbf{x}|^3}$.
- $\operatorname{div} \frac{\mathbf{a}}{|\mathbf{x}|} = \mathbf{a} \cdot \mathbf{e}$
- $\operatorname{rot} \frac{\mathbf{a}}{|\mathbf{x}|} = \mathbf{e} \times \mathbf{a}$

Ist $\operatorname{div} \mathbf{u} = 0$, so heißt $\mathbf{u}$ *quellenfrei*, und falls $\operatorname{rot} \mathbf{u} = 0$, *wirbelfrei*.

Definition 2.18 (Nabla-Operator): *Der Differentialoperator*

$$\boxed{\nabla := \sum_{i=1}^{3} \mathbf{g}^i \partial_i}$$

heißt Nabla-Operator.

Folgerung 2.19: *Es seien* $\mathbf{u}$ *ein vektorielles und* φ *ein skalares Feld. Unter Benutzung des Nabla-Operators lassen sich Gradient, Divergenz und Rotation in folgender Weise ausdrücken:*

$$\text{grad}\,\varphi = \nabla\,\varphi, \quad \text{div}\,\mathbf{u} = \nabla\cdot\mathbf{u}, \quad \text{rot}\,\mathbf{u} = \nabla\times\mathbf{u}\,.$$

Satz 2.20 (Leibniz-Regeln): *Es sei* $G \subset \mathbb{R}^3$. *Weiterhin seien* $\varphi, \psi : G \to \mathbb{R}^1$ *zwei skalare und* $\mathbf{u}, \mathbf{v} : G \to \mathbb{R}^3$ *zwei vektorielle Funktionen. Dann gelten die folgenden Leibniz-Regeln:*

(i) $\text{grad}\,(\varphi\psi) = \psi\,(\text{grad}\,\varphi) + \varphi\,(\text{grad}\,\psi)$.

(ii) $\text{grad}\,(\mathbf{u}\cdot\mathbf{v}) = (\mathbf{u}\cdot\text{grad})\,\mathbf{v} + (\mathbf{v}\cdot\text{grad})\,\mathbf{u} + \mathbf{v}\times(\text{rot}\,\mathbf{u}) + \mathbf{u}\times(\text{rot}\,\mathbf{v})$.

(iii) $\text{div}\,(\varphi\mathbf{v}) = \mathbf{v}\cdot\text{grad}\,\varphi + \varphi\,\text{div}\,\mathbf{v}$.

(iv) $\text{rot}\,(\varphi\mathbf{v}) = \varphi\,\text{rot}\,\mathbf{v} + \text{grad}\,\varphi\times\mathbf{v}$.

(v) $\text{div}\,(\mathbf{u}\times\mathbf{v}) = \mathbf{v}\cdot\text{rot}\,\mathbf{u} - \mathbf{u}\cdot\text{rot}\,\mathbf{v}$.

(vi) $\text{rot}\,(\mathbf{u}\times\mathbf{v}) = -(\mathbf{u}\cdot\text{grad})\,\mathbf{v} + (\mathbf{v}\cdot\text{grad})\,\mathbf{u} + \mathbf{u}\,\text{div}\,\mathbf{v} - \mathbf{v}\,\text{div}\,\mathbf{u}$.

Beweis:

- Zu (i):

$$\begin{aligned}\text{grad}\,\varphi\psi &= \sum_{i=1}^{3}\mathbf{g}^i\partial_i(\varphi\psi) = \sum_{i=1}^{3}\psi\,\mathbf{g}^i(\partial_i\varphi) + \sum_{i=1}^{3}\varphi\,\mathbf{g}^i(\partial_i\psi)\\ &= \psi\,(\text{grad}\,\varphi) + \varphi\,(\text{grad}\,\psi).\end{aligned}$$

- Zu (ii):

$$\text{grad}\,(\mathbf{u}\cdot\mathbf{v}) = \sum_{i=1}^{3}\mathbf{g}^i\partial_i(\mathbf{u}\cdot\mathbf{v}) = \sum_{i=1}^{3}\mathbf{g}^i\left[(\mathbf{v}\cdot\partial_i\mathbf{u}) + (\mathbf{u}\cdot\partial_i\mathbf{v})\right]$$

$$= \sum_{i=1}^{3} \left[\mathbf{v} \times (\mathbf{g}^i \times \partial_i \mathbf{u}) + (\mathbf{v} \cdot \mathbf{g}^i) \partial_i \mathbf{u} \right]$$
$$+ \sum_{i=1}^{3} \left[\mathbf{u} \times (\mathbf{g}^i \times \partial_i \mathbf{v}) + (\mathbf{u} \cdot \mathbf{g}^i) \partial_i \mathbf{v} \right]$$
$$= \mathbf{u} \times \operatorname{rot} \mathbf{v} + \mathbf{v} \times \operatorname{rot} \mathbf{u} + (\mathbf{v} \cdot \operatorname{grad}) \mathbf{u} + (\mathbf{u} \cdot \operatorname{grad}) \mathbf{v}.$$

- Zu (iii):

$$\operatorname{div}(\varphi \mathbf{v}) = \sum_{i=1}^{3} \mathbf{g}^i \partial_i \cdot (\varphi \mathbf{v}) = \sum_{i=1}^{3} \left[\mathbf{v} \cdot \mathbf{g}^i \partial_i \varphi + \mathbf{g}^i \varphi \cdot \partial_i \mathbf{v} \right]$$
$$= \operatorname{grad} \varphi \cdot \mathbf{v} + \varphi \operatorname{div} \mathbf{v}.$$

- Zu (iv):

$$\operatorname{rot} \varphi \mathbf{v} = \sum_{i=1}^{3} \mathbf{g}^i \times \partial_i (\varphi \mathbf{v}) = \sum_{i=1}^{3} \left[\mathbf{g}^i \times \mathbf{v} \, \partial_i \varphi + \mathbf{g}^i \times \varphi \, \partial_i \mathbf{v} \right]$$
$$= \operatorname{grad} \varphi \times \mathbf{v} + \varphi \operatorname{rot} \mathbf{v}.$$

- Zu (v):

$$\operatorname{div}(\mathbf{u} \times \mathbf{v}) = \sum_{i=1}^{3} \mathbf{g}^i \cdot \partial_i (\mathbf{u} \times \mathbf{v})$$
$$= \sum_{i=1}^{3} \left[\mathbf{g}^i \cdot (\partial_i \mathbf{u} \times \mathbf{v}) - \mathbf{g}^i \cdot (\partial_i \mathbf{v} \times \mathbf{u}) \right]$$
$$= \sum_{i=1}^{3} \left[(\mathbf{g}^i \times \partial_i \mathbf{u}) \cdot \mathbf{v} - (\mathbf{g}^i \times \partial_i \mathbf{v}) \cdot \mathbf{u} \right]$$
$$= (\operatorname{rot} \mathbf{u}) \cdot \mathbf{v} - (\operatorname{rot} \mathbf{v}) \cdot \mathbf{u}.$$

- Zu (vi):

$$
\begin{aligned}
\text{rot}\,(\mathbf{u}\times\mathbf{v}) &= \sum_{i=1}^{3}\mathbf{g}^i\times\partial_i(\mathbf{u}\times\mathbf{v}) \\
&= \sum_{i=1}^{3}\mathbf{g}^i\times[(\partial_i\mathbf{u}\times\mathbf{v})+(\mathbf{u}\times\partial_i\mathbf{v})] \\
&= \sum_{i=1}^{3}\Big[(\partial_i\mathbf{u})(\mathbf{g}^i\cdot\mathbf{v})-\mathbf{v}\,(\mathbf{g}^i\cdot\partial_i\mathbf{u})\Big] \\
&+ \sum_{i=1}^{3}\Big[\mathbf{u}\,(\mathbf{g}^i\cdot\partial_i\mathbf{v})-(\partial_i\mathbf{v})(\mathbf{g}^i\cdot\mathbf{u})\Big] \\
&= (\mathbf{v}\cdot\text{grad})\,\mathbf{u}-(\mathbf{u}\cdot\text{grad})\,\mathbf{v} \\
&+ (\text{div}\,\mathbf{v})\,\mathbf{u}-\mathbf{v}\,(\text{div}\,\mathbf{u}).
\end{aligned}
$$

■

Im Folgenden widmen wir uns der Hintereinanderausführung der Operationen "grad", "div" und "rot".

Satz 2.21: *Es seien φ eine zweimal stetig differenzierbare skalare und $\mathbf{u}$ eine zweimal stetig differenzierbare vektorielle Funktion. Dann gilt*

(i) div grad $\varphi = \Delta\varphi$,

(ii) grad div $\mathbf{u} - \Delta\mathbf{u} =$ rot rot $\mathbf{u}$,

(iii) rot grad $\varphi = 0$,

(iv) div rot $\mathbf{u} = 0$,

wobei

$$
\boxed{\Delta := \sum_{i=1}^{3}\sum_{k=1}^{3}\mathbf{g}^k\cdot\partial_k\,\mathbf{g}^i\,\partial_i}
$$

der Laplace-Operator *ist.*

Beweis:

- Zu (i): $\operatorname{div}\operatorname{grad}\varphi = \operatorname{div}\sum_{i=1}^{3}\mathbf{g}^i\,\partial_i\varphi = \sum_{k=1}^{3}\sum_{i=1}^{3}\mathbf{g}^k\,\partial_k\cdot\mathbf{g}^i\partial_i\varphi = \Delta\varphi.$
- Zu (ii): Es gilt

$$\operatorname{grad}\operatorname{div}\mathbf{u} = \sum_{i,k=1}^{3}\left[\mathbf{g}^k(\mathbf{g}^i\cdot\partial_{ik}\mathbf{u}) + \mathbf{g}^k(\partial_i\mathbf{u}\cdot\partial_k\mathbf{g}^i)\right],$$

$$\operatorname{rot}\operatorname{rot}\mathbf{u} = \sum_{i,k=1}^{3}\left[\mathbf{g}^k\times(\mathbf{g}^i\times\partial_{ik}\mathbf{u}) + \mathbf{g}^k\times(\partial_k\mathbf{g}^i\times\partial_i\mathbf{u})\right].$$

Die Anwendung des Entwicklungssatzes für das doppelte Kreuzprodukt führt auf

$$\begin{aligned}\operatorname{rot}\operatorname{rot}\mathbf{u} - \operatorname{grad}\operatorname{div}\mathbf{u} &= \sum_{i,k=1}^{3}\left[\partial_k\mathbf{g}^i(\partial_i\mathbf{u}\cdot\mathbf{g}^k) - \mathbf{g}^k(\partial_i\mathbf{u}\cdot\partial_k\mathbf{g}^i)\right]\\ &\quad - \sum_{i,k=1}^{3}\left[\partial_{ik}\mathbf{u}(\mathbf{g}^i\cdot\mathbf{g}^k) + (\mathbf{g}^k\cdot\partial_k\mathbf{g}^i)\partial_i\mathbf{u}\right].\end{aligned}$$

Für den zweiten Summanden erhält man

$$\sum_{i,k=1}^{3}\left[\partial_{ik}\mathbf{u}(\mathbf{g}^i\cdot\mathbf{g}^k) + (\mathbf{g}^k\cdot\partial_k\mathbf{g}^i)\partial_i\mathbf{u}\right] = \sum_{i,k=1}^{3}(\mathbf{g}^k\cdot\partial_k\mathbf{g}^i)\,\partial_i\mathbf{u} = \Delta\mathbf{u}.$$

Dabei wirkt ∂_k auch auf $\partial_i\mathbf{u}$. Der Laplace-Operator, angewendet auf eine vektorielle Funktion, ist komponentenweise zu verstehen. Man sieht, dass der erste Summand ein doppeltes Kreuzprodukt ist:

$$\begin{aligned}\sum_{i,k=1}^{3}\left[\partial_k\mathbf{g}^i(\partial_i\mathbf{u}\cdot\mathbf{g}^k) - \mathbf{g}^k(\partial_i\mathbf{u}\cdot\partial_k\mathbf{g}^i)\right] &= \sum_{i,k=1}^{3}\partial_i\mathbf{u}\times(\partial_k\mathbf{g}^i\times\mathbf{g}_k)\\ &= -\sum_{i=1}^{3}\partial_i\mathbf{u}\times\operatorname{rot}\mathbf{g}^i = \mathbf{0}.\end{aligned}$$

Die letzte Identität folgt aus $\operatorname{rot}\mathbf{g}^i = \mathbf{0}$. Man zeigt dies leicht durch Einsetzen in die Definitionsgleichung der Rotation.

- Zu (iii):

$$\begin{aligned}\operatorname{rot}\operatorname{grad}\varphi &= \sum_{i,k=1}^{3} \mathbf{g}^k \times \partial_k \left(\mathbf{g}^i \partial_i \varphi\right) \\ &= \sum_{i,k=1}^{3} (\mathbf{g}^k \times \mathbf{g}^i)\, \partial_{ik}\varphi + \sum_{i,k=1}^{3} (\mathbf{g}^k \times \partial_k \mathbf{g}^i)\, \partial_i \varphi\,.\end{aligned}$$

Der erste Summand verschwindet, da es zu jedem $\mathbf{g}^k \times \mathbf{g}^i$ auch ein $\mathbf{g}^i \times \mathbf{g}^k = -\mathbf{g}^k \times \mathbf{g}^i$ gibt. Somit bleibt

$$\operatorname{rot}\operatorname{grad}\varphi = \sum_{i,k=1}^{3} (\mathbf{g}^k \times \partial_k \mathbf{g}^i)\, \partial_i \varphi = \sum_{i=1}^{3} \partial_i \varphi \operatorname{rot} \mathbf{g}^i = \mathbf{0}.$$

- Zu (iv):

$$\begin{aligned}\operatorname{div}\operatorname{rot}\mathbf{u} &= \sum_{i,k=1}^{3} \mathbf{g}^k \cdot \partial_k (\mathbf{g}^i \times \partial_i \mathbf{u}) \\ &= \sum_{i,k=1}^{3} \mathbf{g}^k \cdot (\partial_k \mathbf{g}^i \times \partial_i \mathbf{u}) + \sum_{i,k=1}^{3} \mathbf{g}^k \cdot (\mathbf{g}^i \times \partial_{ik} \mathbf{u}) \\ &= \sum_{i,k=1}^{3} \partial_i \mathbf{u} \cdot (\mathbf{g}^k \times \partial_k \mathbf{g}^i) + \sum_{i,k=1}^{3} \partial_{ik} \mathbf{u} \cdot (\mathbf{g}^k \times \mathbf{g}^i) = 0.\end{aligned}$$

Wiederum folgt die letzte Identität aus $\operatorname{rot} \mathbf{g}^i = \mathbf{0}$. ∎

Zum Abschluss dieses Kapitels widmen wir uns der Darstellung des Laplace-Operators in den wichtigsten Koordinaten.

Rechtwinklig kartesische Koordinaten: Aufgrund der Invarianz der Basis $\{\mathbf{e}_1, \mathbf{e}_2, \mathbf{e}_3\}$ ist der Laplace-Operator einfach durch

$$\Delta\, \varphi = \frac{\partial^2 \varphi}{\partial x_1^2} + \frac{\partial^2 \varphi}{\partial x_2^2} + \frac{\partial^2 \varphi}{\partial x_3^2}$$

gegeben.

Zylinderkoordinaten: Im Fall der Zylinderkoordinaten kommt man am schnellsten zum Ziel, wenn man die Identität div grad $\varphi = \Delta\,\varphi$ sowie die schon bekannten Formeln für den Gradienten und die Divergenz anwendet:

$$\nabla\varphi = \mathbf{g}^1\frac{\partial\varphi}{\partial r} + \mathbf{g}^2\frac{\partial\varphi}{\partial\gamma} + \mathbf{g}^3\frac{\partial\varphi}{\partial z} = \frac{\partial\varphi}{\partial r}\mathbf{g}_1^0 + \frac{1}{r}\frac{\partial\varphi}{\partial\gamma}\mathbf{g}_2^0 + \frac{\partial\varphi}{\partial z}\mathbf{g}_3^0.$$

Nun folgt

$$\begin{aligned}\text{div grad}\,\varphi = \Delta\,\varphi &= \frac{1}{r}\frac{\partial}{\partial r}\left(r\frac{\partial\varphi}{\partial r}\right) + \frac{1}{r}\frac{\partial}{\partial\gamma}\left(\frac{1}{r}\frac{\partial\varphi}{\partial\gamma}\right) + \frac{\partial^2\varphi}{\partial z^2}\\ &= \frac{1}{r}\frac{\partial\varphi}{\partial r} + \frac{\partial^2\varphi}{\partial r^2} + \frac{1}{r^2}\frac{\partial^2\varphi}{\partial\gamma^2} + \frac{\partial^2\varphi}{\partial z^2}.\end{aligned}$$

Kugelkoordinaten: In Kugelkoordinaten geht man analog vor:

$$\begin{aligned}\nabla\varphi &= \mathbf{g}^1\frac{\partial\varphi}{\partial r} + \mathbf{g}^2\frac{\partial\varphi}{\partial\psi} + \mathbf{g}^3\frac{\partial\varphi}{\partial\gamma}\\ &= \frac{\partial\varphi}{\partial r}\mathbf{g}_1^0 + \frac{1}{r}\frac{\partial\varphi}{\partial\psi}\mathbf{g}_2^0 + \frac{1}{r\sin\psi}\frac{\partial\varphi}{\partial\gamma}\mathbf{g}_3^0.\end{aligned}$$

Somit ergibt sich

$$\begin{aligned}\Delta\,\varphi &= \frac{1}{r^2}\frac{\partial}{\partial r}\left(r^2\frac{\partial\varphi}{\partial r}\right) + \frac{1}{r\sin\psi}\frac{\partial}{\partial\psi}\left(\frac{\sin\psi}{r}\frac{\partial\varphi}{\partial\psi}\right)\\ &\quad + \frac{1}{r\sin\psi}\frac{\partial}{\partial\gamma}\left(\frac{1}{r\sin\psi}\frac{\partial\varphi}{\partial\gamma}\right)\\ &= \frac{\partial^2\varphi}{\partial r^2} + \frac{2}{r}\frac{\partial\varphi}{\partial r} + \frac{1}{r^2\tan\psi}\frac{\partial\varphi}{\partial\psi} + \frac{1}{r^2}\frac{\partial^2\varphi}{\partial\psi^2}\\ &\quad + \frac{1}{r^2\sin^2\psi}\frac{\partial^2\varphi}{\partial\gamma^2}.\end{aligned}$$

Bemerkung: Es seien φ und g zwei skalare Funktionen. Die Gleichung

$$\Delta\,\varphi = -g$$

wird als *Poisson-Gleichung* bezeichnet. Gilt $g = 0$, so ergibt sich die *Laplace-Gleichung*

$$\Delta\,\varphi = 0.$$

Da der Laplace-Operator sowohl für skalare als auch komponentenweise für vektorielle Funktionen definiert ist, existieren auch die vektoriellen Varianten der Poisson- und der Laplace-Gleichung. Funktionen, welche die Laplace-Gleichung erfüllen, werden *harmonische Funktionen* genannt.

Aufgaben

Die ausführlichen Lösungen zu allen Aufgaben sind auf der Internetseite *www.eagle-leipzig.de/guide-loesungen.htm* zu finden.

2.1. Gegeben sei die Basis $\{\mathbf{g}_1, \mathbf{g}_2, \mathbf{g}_3\}$ mit $\mathbf{g}_1 = 2\mathbf{e}_1 + \mathbf{e}_2$, $\mathbf{g}_2 = \mathbf{e}_1 + 2\mathbf{e}_2$ und $\mathbf{g}_3 = \mathbf{e}_3$. Bestimme die reziproke Basis $\{\mathbf{g}^1, \mathbf{g}^2, \mathbf{g}^3\}$ und stelle den Vektor $\mathbf{a} = 3\mathbf{e}_1 + 3\mathbf{e}_2$ sowohl in der lokalen als auch in der reziproken Basis dar.

2.2. **Toruskoordinaten** sind durch den Ortsvektor

$$\mathbf{x} = [(R + r\sin\psi)\cos\gamma]\mathbf{e}_1 + [(R + r\sin\psi)\sin\gamma]\mathbf{e}_2 \\ + (r\cos\psi)\mathbf{e}_3$$

charakterisiert, wobei $r > 0$, $0 \le \gamma \le 2\pi$, $0 \le \psi \le 2\pi$ und $R = \text{const}$.

a) Bestimme die lokale Basis, das Volumen V des durch die Basisvekoren gebildeten Spats, sowie deren Längen h_i $(i = 1, 2, 3)$. Ist die lokale Basis orthogonal?

b) Berechne die reziproke Basis.

c) Wie lauten die Feldoperatoren *div*, *grad* und *rot* in Toruskoordinaten für einen Vektor, welcher in der nomalisierten Basis $\{\mathbf{g}_1^0, \mathbf{g}_2^0, \mathbf{g}_3^0\}$ mit $|\mathbf{g}_i| = 1$, $i = 1, 2, 3$, gegeben ist?

2.3. Im Mittelpunkt der Sphäre $S_R = \{\mathbf{x} \in \mathbb{R}^3;\ |\mathbf{x}| = R > 0\}$ befinde sich eine Ladung q und erzeuge das elektrische Feld $\mathbf{E} = \frac{1}{4\pi\epsilon_0}\frac{q\mathbf{x}}{|\mathbf{x}|^3}$. Berechne den Fluss durch die Kugeloberfläche.

2.4. Berechne den Fluss des Geschwindigkeitsfeldes $\mathbf{v}(x, y, z) = 2z\,\mathbf{e}_1 + (x + y)\,\mathbf{e}_2$ durch das Flächenstück E der Ebene $x + 2y + 3z = 4$, welches von der positiven x-, der positiven y- und der positiven z-Achse begrenzt wird.

2.5. a) Zeige die Identität $(\mathbf{u} \cdot \nabla)\,\mathbf{u} = \frac{1}{2}\nabla\mathbf{u}^2 - \mathbf{u} \times (\nabla \times \mathbf{u})$.

b) Die instationäre Euler-Gleichung $(\mathbf{u} \cdot \nabla)\,\mathbf{u} = -\nabla\phi - \frac{1}{\rho}\nabla p$ beschreibt das Geschwindigkeitsfeld $\mathbf{u}$ eines Fluids der Dichte ρ unter dem Einfluss des Drucks p und des Volumenkraftpotentials ϕ. Leite unter den Annahmen konstanter Dichte und Wirbelfreiheit die Bernoulli-Gleichung $\frac{1}{2}\mathbf{u}^2 + \frac{p}{\rho} + \phi = \text{const}$ her.

2.6. Beweise die Sätze 2.11 und 2.17.

3 Feldtheorie

3.1 Integralsätze

Satz 3.1 (Satz von Gauß): *Es sei* $G \subset \mathbb{R}^3$ *ein regulärer Bereich mit dem Rand* Γ*, der aus endlich vielen regulären, orientierbaren Teilflächen besteht. Bezeichnet* $\mathbf{n}$ *den auf den regulären Teilflächen definierten Einheitsvektor der äußeren Normale, dann gilt für alle in einer Umgebung von* G *erklärten stetig differenzierbaren Vektorfelder* $\mathbf{u}$ *die Integralformel*

$$\iint_\Gamma \mathbf{u} \cdot \mathbf{d\Gamma} = \iiint_G \operatorname{div} \mathbf{u} \, dG,$$

wobei $\mathbf{d\Gamma} = \mathbf{n} \, d\Gamma$ *das orientierte Oberflächenelement ist.*

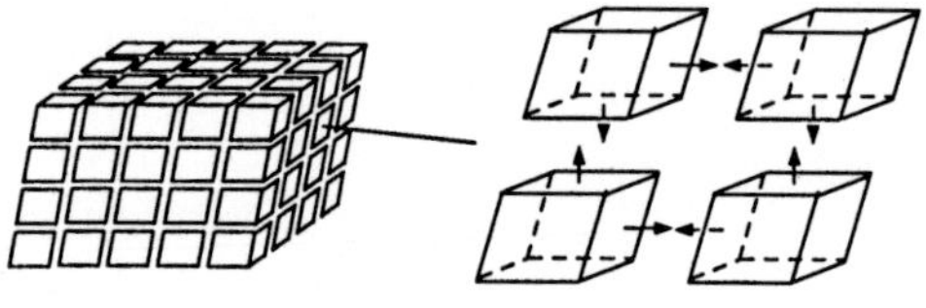

Abbildung 3.1

Beweisskizze (für Parallelepipede im $\mathbb{R}^3$*):* Aus Satz 2.10 ist bekannt, dass für ein infinitesimales Parallelepiped Π mit den Seitenlängen $\mathbf{g}_i dv_i$ für $i = 1, 2, 3$ die Identität

$$\sum_{i=1}^{6} \mathbf{u} \cdot \mathbf{df}_i = \operatorname{div} \mathbf{u} \, d\Pi$$

gilt, wobei $\mathbf{df}_i$ die orientierten Seitenflächen sind. Wir zerlegen nunmehr unser Gebiet G in solch infinitesimal kleine Parallelepipede (siehe Abbildung 3.1) und summieren über die jeweiligen Werte von $\operatorname{div}\mathbf{u}\,d\Pi$. Es entsteht somit das Volumenintegral

$$\iiint_G \operatorname{div}\mathbf{u}\,dG.$$

Summieren wir über die jeweiligen Werte von $\sum_{i=1}^{6} \mathbf{u}\cdot\mathbf{df}_i$, also die Flüsse durch die Oberflächen der infinitesimalen Parallelepipede, so heben sich die Beiträge aneinander grenzender Flächen gegenseitig auf, da die Flächennormalen genau in entgegengesetzte Richtungen zeigen. Also bleibt nur der Fluss durch die Oberfläche Γ. ■

Bemerkung: Ein Beweis des Satzes für allgemeine Situationen im $\mathbb{R}^3$ erfordert Aussagen zur Ausschöpfung von G durch Parallelepipede, auf welche hier nicht eingegangen werden kann.

Bemerkung: Der Satz von Gauß ist in der Physik von enormer Bedeutung, da er das Integral über die Quellen eines Vektorfeldes innerhalb eines Volumens zu dem Fluss durch das Volumen in Beziehung setzt.

Folgerung 3.2: *Es sei* $\mathbf{u} = \operatorname{grad}\psi$. *Dann gilt*

$$\iint_\Gamma \operatorname{grad}\psi\cdot\mathbf{d\Gamma} = \iiint_G \Delta\psi\,dG.$$

Weiter ist für $n = 2$

$$\oint_\Gamma \operatorname{grad}\psi\cdot\mathbf{dx} = 0.$$

Die zweite Formel besagt, dass Kurvenintegrale von Gradientenfeldern über geschlossene Wege gleich Null sind. Generell werden Vektorfelder $\mathbf{u}$*, die diese Gleichung erfüllen als* konservative Felder *bezeichnet. Das skalare Feld* φ *nennt man das* Potential *von* $\mathbf{u}$.

Folgerung 3.3 (Wegunabhängigkeit): *Es sei* $n = 2$ *und es sei* $\mathbf{u} = \operatorname{grad} \varphi$ *ein konservatives Vektorfeld. Zudem seien* Γ_1 *und* Γ_2 *zwei (im Allgemeinen verschiedene) Wege von* P_1 *zu* P_2. *Dann gilt*

$$\oint_{\Gamma_1 \cup (-\Gamma_2)} \mathbf{u} \cdot \mathbf{dx} = \int_{\Gamma_1} \mathbf{u} \cdot \mathbf{dx} - \int_{\Gamma_2} \mathbf{u} \cdot \mathbf{dx} = 0,$$

wobei $-\Gamma_2$ *den zu* Γ_2 *entgegengesetzten Weg bezeichnet.*

Es spielt also keine Rolle, auf welchem Weg man von P_1 nach P_2 integriert.

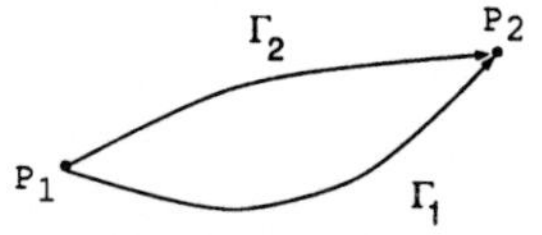

Abbildung 3.2

Folgerung 3.4 (Die Greenschen Formeln): *Es sei* $n = 3$. *Ferner seien* φ *und* ψ *zweimal stetig differenzierbare skalare Funktionen. Der Satz von Gauß lässt sich nun auf die vektorielle Funktion* $\psi \nabla \varphi$ *anwenden:*

$$\iint_\Gamma \psi \nabla \varphi \cdot \mathbf{n} \, d\Gamma = \iiint_G \nabla \cdot (\psi \nabla \varphi) \, dG.$$

Mit der bereits bekannten Identität $\nabla \cdot (\psi \nabla \varphi) = \nabla \psi \cdot \nabla \varphi + \psi \Delta \varphi$ *folgt die* 1. Greensche Formel*:*

$$\iint_\Gamma \psi \nabla \varphi \cdot \mathbf{n} \, d\Gamma = \iiint_G (\nabla \psi \cdot \nabla \varphi + \psi \Delta \varphi) \, dG.$$

Natürlich gilt analog

$$\iint_\Gamma \varphi \nabla \psi \cdot \mathbf{n} \, d\Gamma = \iiint_G (\nabla \varphi \cdot \nabla \psi + \varphi \Delta \psi) \, dG.$$

Subtrahiert man die beiden letzten Identitäten voneinander, so folgt die 2. Greensche Formel*:*

$$\iint_\Gamma (\psi\,\nabla\varphi - \varphi\,\nabla\psi)\cdot\mathbf{n}\,d\Gamma = \iiint_G (\psi\,\Delta\varphi - \varphi\,\Delta\psi)\,dG.$$

Folgerung 3.5: *Es sei $n = 3$ und φ_1 und φ_2 seien zweimal stetig differenzierbare Funktionen, die in einem Gebiet G mit Rand Γ die Laplace-Gleichung erfüllen und auf Γ den gleichen Randbedingungen 1. Art (Dirichlet-Problem) genügen, d.h.*

$$\Delta\,\varphi_1 = \Delta\,\varphi_2 = 0 \quad \textit{und} \quad \varphi_1(\mathbf{x})|_{\mathbf{x}\in\Gamma} = \varphi_2(\mathbf{x})|_{\mathbf{x}\in\Gamma}.$$

Dann gilt $\varphi_1 = \varphi_2$ in ganz G.

Beweis: Offenbar erfüllt die Funktion $\varphi := \varphi_1 - \varphi_2$ homogene Randbedingungen, also $\varphi(\mathbf{x})|_{\mathbf{x}\in\Gamma} = 0$. Zudem gilt aufgrund der Linearität des Laplace-Operators $\Delta\,\varphi = 0$. Aus der 1. Greenschen Formel folgt nun mit $\varphi = \psi$

$$0 = \iiint_G (\nabla\,\varphi)^2\,dG.$$

Somit kann nur $\nabla\,\varphi = 0$ in ganz G gelten. Also ist φ in ganz G konstant. Da aber die Funktion auf dem Rand von G verschwindet, muss sie konstant gleich Null sein, d.h. $\varphi_1 = \varphi_2$. Folglich besitzt die Laplace-Gleichung bei gegebenen Randbedingungen 1. Art eine eindeutige Lösung. ∎

Satz 3.6 (Satz von Stokes): *Es sei $\mathcal{F}$ eine zweiseitige, stückweise reguläre Fläche mit überschneidungsfreier und geschlossener Randkurve $\Gamma = \partial\mathcal{F}$, die so durchlaufen wird, dass $\mathcal{F}$ links liegt und der Umlaufsinn zusammen mit der Normalenrichtung von $\mathbf{n}$ auf $\mathcal{F}$ eine Rechtsschraubung ergibt (siehe Abbildung 3.3). Ferner sei $U \subseteq \mathbb{R}^3$ eine offene Menge, die $\mathcal{F}$ enthält. Dann gilt für alle stetig differenzierbaren Vektorfelder $\mathbf{u} : U \to \mathbb{R}^3$*

$$\oint\limits_{\Gamma=\partial\mathcal{F}} \mathbf{u}\cdot\mathbf{dx} = \iint\limits_{\mathcal{F}} \operatorname{rot}\mathbf{u}\cdot\mathbf{n}\,d\sigma,$$

wobei $\mathbf{n}$ *der nach außen gerichtete Einheitsvektor der Flächennormalen ist.*

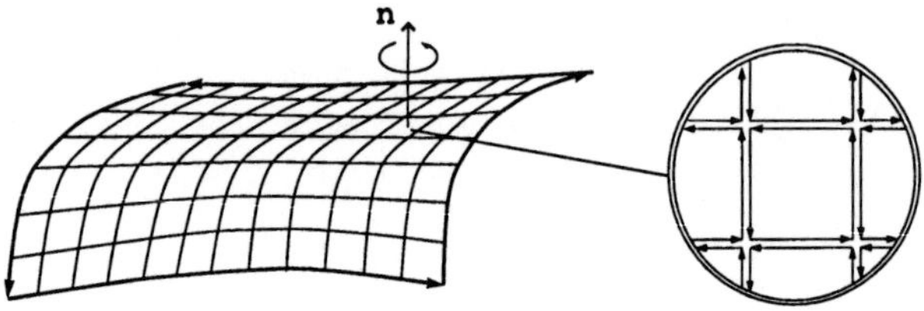

Abbildung 3.3

Beweisidee: Die linke Seite der Gleichung steht bekanntlich für die Zirkulation des Vektorfeldes $\mathbf{u}$ entlang Γ (siehe Definition 2.14). Ist Γ der Rand eines infinitesimalen Parallelogramms, so gilt nach Satz 2.15 die Identität

$$Z_\Gamma = \operatorname{rot}\mathbf{u}\cdot\mathbf{n}\,d\sigma = \operatorname{rot}\mathbf{u}\cdot\mathbf{df}$$

mit $\mathbf{n}\,d\sigma = \mathbf{dr}\times\delta\mathbf{r}$. Man zerlegt nunmehr $\mathcal{F}$ in eben solche infinitesimalen Parallelogramme (siehe Abbildung 3.3). Für jedes Parallelogramm wird im Mittelpunkt ein Normalenvektor festgelegt. Summieren wir über alle Parallelogramme, so heben sich die Beiträge entlang innerer Gitterwege wechselseitig auf, so dass schließlich nur die Zirkulation entlang des äußeren Randes Γ übrigbleibt, woraus schließlich die Behauptung folgt. ■

Bemerkung: Für einen vollständigen Beweis ist die gekrümmte Fläche durch polyedrale Flächen zu approximieren, was wir im Rahmen dieses Buches nicht ausführen wollen.

Beschränkt man sich auf zweidimensionale kartesische Koordinaten, so liefert der Satz von Stokes eine Reihe interessanter Folgerungen.

Folgerung 3.7 (Satz von Green): *Es seien $G \subset \mathbb{R}^2$ ein Gebiet mit dem Rand Γ und $\mathbf{u}(x,y) = u_x(x,y)\,\mathbf{e}_x + u_y(x,y)\,\mathbf{e}_y$ eine in G stetig differenzierbare vektorielle Funktion. Dann gilt*

$$\oint_\Gamma \mathbf{u} \cdot \mathbf{dx} = \iint_G (\partial_x u_y - \partial_y u_x)\, dx\, dy.$$

Beweis: Diese Behauptung folgt durch Anwendung des Satzes von Stokes auf die linke Seite der Gleichung. ∎

Satz 3.8: *Unter den Vorraussetzungen des Satzes von Gauß gelten die folgenden Beziehungen:*

$$\iint_\Gamma \mathbf{u} \times \mathbf{d\Gamma} = -\iiint_G \operatorname{rot} \mathbf{u}\, dG,$$

$$\iint_\Gamma \varphi\, \mathbf{d\Gamma} = \iiint_G \operatorname{grad} \varphi\, dG.$$

Dabei seien φ ein stetig differenzierbares skalares und $\mathbf{u}$ ein stetig differenzierbares Vektorfeld.

Beweis: Die Beweise beider Formeln sind ähnlich zu dem des Satzes von Gauß und seien dem Leser somit zur Übung empfohlen. ∎

Folgerung 3.9: *Es seien $K_r(\mathbf{y})$ eine Kugel mit Radius $r > 0$ um den Mittelpunkt $\mathbf{y} \in \mathbb{R}^3$ und $\mathbf{u}$ ein stetig differenzierbares Vektorfeld. Die Anwendung des Satzes von Gauss sowie des Mittelwertsatzes liefert*

$$\iint_{\Gamma_r} \mathbf{u} \cdot \mathbf{d\Gamma} = \iiint_{K_r(\mathbf{y})} \operatorname{div} \mathbf{u}\, dG = \operatorname{div} \mathbf{u}(\xi)\, |K_r|,$$

wobei $|K_r| = \iiint_{K_r} dG$ das Volumen der Kugel und ξ ein Punkt innerhalb von $K_r(\mathbf{y})$ ist. Im Falle des Grenzübergangs $r \to 0$ folgt $\xi \to \mathbf{y}$ und somit

$$\operatorname{div} \mathbf{u} = \lim_{r \to 0} \frac{\iint_{\Gamma_r} \mathbf{u} \cdot \mathbf{d\Gamma}}{|K_r|}.$$

Analog findet man die Beziehungen

$$\operatorname{rot}\mathbf{u} = -\lim_{r\to 0}\frac{\iint_{\Gamma_r}\mathbf{u}\times d\mathbf{\Gamma}}{|K_r|},$$

$$\operatorname{grad}\varphi = \lim_{r\to 0}\frac{\iint_{\Gamma_r}\varphi\, d\mathbf{\Gamma}}{|K_r|}.$$

Diese Darstellungen der drei grundlegenden Differentialoperatoren werden als deren koordinatenfreie Darstellungen *bezeichnet.*

3.2 Darstellungssätze

Wir betrachten eine in einem Gebiet G zweimal stetig differenzierbare skalare Funktion φ sowie die Funktion

$$\psi(\mathbf{x}) := \frac{1}{|\mathbf{x}-\mathbf{y}|},$$

mit $\mathbf{y} \in G$. Weiter seien $K_\varepsilon(\mathbf{y}) := \{\mathbf{x} \in G : |\mathbf{x}-\mathbf{y}| < \varepsilon\}$ und $G_\varepsilon := G \setminus K_\varepsilon(\mathbf{y})$. Die 2. Greensche Formel liefert für das Gebiet G_ε mit $\mathbf{y} \in G$

$$\iint_{\Gamma_\varepsilon}\left[\frac{1}{|\mathbf{x}-\mathbf{y}|}(\nabla\varphi)(\mathbf{x}) - \varphi(\mathbf{x})\nabla\frac{1}{|\mathbf{x}-\mathbf{y}|}\right]\cdot\mathbf{n}\,d\Gamma_\varepsilon(\mathbf{x})$$
$$= \iiint_{G_\varepsilon}\left[\frac{1}{|\mathbf{x}-\mathbf{y}|}\Delta\varphi(\mathbf{x}) - \varphi(\mathbf{x})\Delta\frac{1}{|\mathbf{x}-\mathbf{y}|}\right]dG_\varepsilon(\mathbf{x}),$$

wobei $\Gamma_\varepsilon = \Gamma \cup S_\varepsilon(\mathbf{y})$ und $S_\varepsilon(\mathbf{y}) = \partial K_\varepsilon(\mathbf{y})$; siehe Abbildung 3.4.

Die beiden Flächen Γ und $S_\varepsilon(\mathbf{y})$ sind so orientiert, dass der Normaleneinheitsvektor stets aus dem Gebiet G_ε heraus zeigt. Für $\varepsilon \to 0$

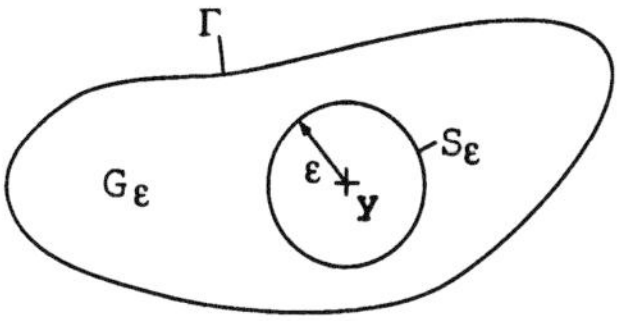

Abbildung 3.4

folgt unmittelbar

$$\iint_\Gamma \left[\frac{1}{|\mathbf{x}-\mathbf{y}|}(\nabla\varphi)(\mathbf{x}) - \varphi(\mathbf{x})\nabla\left(\frac{1}{|\mathbf{x}-\mathbf{y}|}\right)\right]\cdot \mathbf{n}\, d\Gamma(\mathbf{x})$$
$$- \lim_{\varepsilon\to 0} \iint_{S_\varepsilon} \left[\frac{1}{|\mathbf{x}-\mathbf{y}|}(\nabla\varphi)(\mathbf{x}) - \varphi(\mathbf{x})\frac{\mathbf{x}-\mathbf{y}}{|\mathbf{x}-\mathbf{y}|^3}\right]\cdot \mathbf{n}\, dS_\varepsilon(\mathbf{x})$$
$$= \iiint_G \frac{\Delta\varphi(\mathbf{x})}{|\mathbf{x}-\mathbf{y}|}\, dG(\mathbf{x}),$$

da $\Delta \frac{1}{|\mathbf{x}-\mathbf{y}|} = 0$ in G_ε ist. Es verbleibt, die beiden Integrale über die Sphäre $S_\varepsilon(\mathbf{y}) := \{\mathbf{x} \in G : |\mathbf{x}-\mathbf{y}| = \varepsilon\}$ zu betrachten. Bezeichnen wir mit $\partial_\mathbf{n}$ die Ableitung in Richtung der Normalen, so gilt zunächst

$$\left| \iint_{S_\varepsilon} \frac{1}{|\mathbf{x}-\mathbf{y}|}\partial_\mathbf{n}\varphi\, dS_\varepsilon(\mathbf{x})\right| \le \frac{1}{\varepsilon} \max_G |\nabla\varphi| \iint_{S_\varepsilon} dS_\varepsilon(\mathbf{x})$$
$$= 4\pi\varepsilon \max_G |\nabla\varphi| \rightarrow 0$$

für $\varepsilon \to 0$. Andererseits ist die ins Außengebiet von G_ε gerichtete Normale auf S_ε als

$$\mathbf{n} = \frac{\mathbf{y}-\mathbf{x}}{|\mathbf{x}-\mathbf{y}|}$$

darstellbar. Damit erhalten wir

$$\iint_{S_\varepsilon} \frac{\mathbf{x}-\mathbf{y}}{|\mathbf{x}-\mathbf{y}|^3} \cdot \frac{\mathbf{y}-\mathbf{x}}{|\mathbf{x}-\mathbf{y}|}\, \varphi(\mathbf{x})\, dS_\varepsilon(\mathbf{x}) = -\frac{1}{\varepsilon^2} \iint_{S_\varepsilon} \varphi(\mathbf{x})\, dS_\varepsilon(\mathbf{x})$$
$$= -\iint_{S_1} \varphi(\mathbf{y}+\varepsilon\boldsymbol{\xi})\, dS_1(\mathbf{x}) \to -4\pi\,\varphi(\mathbf{y}) \quad \text{für} \quad \varepsilon \to 0,$$

wobei $\boldsymbol{\xi} := \frac{(\mathbf{x}-\mathbf{y})}{|\mathbf{x}-\mathbf{y}|} \in S_1(\mathbf{y})$ ist. Insgesamt folgt damit

$$\varphi(\mathbf{y}) = \frac{1}{4\pi} \iint\limits_{\Gamma} \frac{(\nabla\varphi)(\mathbf{x})}{|\mathbf{x}-\mathbf{y}|} \cdot \mathbf{d\Gamma} - \frac{1}{4\pi} \iint\limits_{\Gamma} \varphi(\mathbf{x})\, \frac{(\mathbf{x}-\mathbf{y})}{|\mathbf{x}-\mathbf{y}|^3} \cdot \mathbf{d\Gamma}$$
$$- \frac{1}{4\pi} \iiint_G \frac{(\Delta\,\varphi)(\mathbf{x})}{|\mathbf{x}-\mathbf{y}|}\, dG.$$

Diese Identität wird als *3. Greensche Formel* bezeichnet.

Folgerung 3.10 (Darstellungssatz harmonischer Funktionen): *Es sei φ eine harmonische Funktion in einem Gebiet $G \subset \mathbb{R}^3$, d.h. $\Delta\,\varphi = 0$. Dann gilt*

$$\varphi(\mathbf{y}) = \frac{1}{4\pi} \iint\limits_{\Gamma} \frac{(\nabla\varphi)(\mathbf{x})}{|\mathbf{x}-\mathbf{y}|} \cdot \mathbf{d\Gamma} - \frac{1}{4\pi} \iint\limits_{\Gamma} \varphi(\mathbf{x})\, \frac{(\mathbf{x}-\mathbf{y})}{|\mathbf{x}-\mathbf{y}|^3} \cdot \mathbf{d\Gamma}.$$

Somit ist φ in G vollständig durch seine Funktionswerte und die Werte der Normalenableitung auf dem Rand Γ bestimmt.

Folgerung 3.11 (Lösung der Poisson-Gleichung): *Gegeben sei eine Funktion φ, welche die Poisson-Gleichung erfüllt und im Unendlichen verschwindet, d.h.*

$$\Delta\,\varphi = -g, \qquad \lim_{\mathbf{x}\to\infty} |\varphi(\mathbf{x})| = 0$$

mit einer integrierbaren Funktion g. Dann gilt

$$\varphi(\mathbf{y}) = \frac{1}{4\pi} \iiint_{\mathbb{R}^3} \frac{g(\mathbf{x})}{|\mathbf{x}-\mathbf{y}|}\, dG(x).$$

Auch hier ist die Integration bezüglich $\mathbf{x}$ *und zudem über ganz* $\mathbb{R}^3$ *auszuführen. Dass ein analoges Resultat für die vektorielle Poisson-Gleichung gilt, ist offensichtlich. Die obige Lösung der Poisson-Gleichung in* $G = \mathbb{R}^3$ *wird als* Newtonsches Volumenpotential *bezeichnet.*

In Kapitel 2 haben wir gelernt, dass ein differenzierbares Vektorfeld $\mathbf{u}$ durch die ihm zugeordneten Größen $\operatorname{div}\mathbf{u}$ und $\operatorname{rot}\mathbf{u}$ charakterisiert werden kann. Die Frage, ob diese Charakterisierung vollständig ist, also $\mathbf{u}$ eindeutig durch seine Divergenz und seine Rotation beschrieben werden kann, spielt in der theoretischen Physik eine zentrale Rolle (siehe Kapitel 4, Maxwell-Gleichungen). Sie wird durch den folgenden Satz beantwortet.

Satz 3.12 (Das Helmholtz-Theorem): *Es sei* $\mathbf{u} = \mathbf{u}(\mathbf{x})$ *ein differenzierbares, in ganz* $\mathbb{R}^3$ *definiertes Vektorfeld mit der Eigenschaft* $\lim_{|\mathbf{x}|\to\infty} \mathbf{u}(\mathbf{x}) = 0$. *Dann lässt sich* $\mathbf{u}$ *eindeutig durch ein skalares Feld* φ *und ein Vektorfeld* ω *mit* $\operatorname{div}\omega = 0$ *in der Form*

$$\mathbf{u} = -\operatorname{grad}\varphi + \operatorname{rot}\omega$$

darstellen. Die Felder φ *und* ω *heißen* Helmholtz-Potentiale *und sind durch*

$$\varphi(\mathbf{x}) = \frac{1}{4\pi}\iiint_{\mathbb{R}^3} \frac{\operatorname{div}\mathbf{u}(\mathbf{y})}{|\mathbf{x}-\mathbf{y}|}\,dV(\mathbf{y})$$

sowie

$$\omega(\mathbf{x}) = \frac{1}{4\pi}\iiint_{\mathbb{R}^3} \frac{\operatorname{rot}\mathbf{u}(\mathbf{y})}{|\mathbf{x}-\mathbf{y}|}\,dV(\mathbf{y})$$

gegeben.

Beweis: Wir bilden zunächst die Divergenz und anschließend die Rotation von $\mathbf{u}$. Dabei beachten wir, dass $\operatorname{div}\omega = 0$ gelten soll:

$$\begin{aligned}\operatorname{div}\mathbf{u} &= -\operatorname{div}\operatorname{grad}\varphi + \operatorname{div}\operatorname{rot}\omega = -\Delta\,\varphi\,,\\ \operatorname{rot}\mathbf{u} &= -\operatorname{rot}\operatorname{grad}\varphi + \operatorname{rot}\operatorname{rot}\omega\\ &= \operatorname{grad}\operatorname{div}\omega - \Delta\,\omega = -\Delta\,\omega\,.\end{aligned}$$

Offenbar sind $\operatorname{div}\mathbf{u}$ und $\operatorname{rot}\mathbf{u}$ jeweils die rechten Seiten einer Poisson-Gleichung, deren Lösung das Newtonsche Volumenpotential ist (siehe Folgerung 3.11):

$$\varphi(\mathbf{x}) = \frac{1}{4\pi}\iiint_{\mathbf{R}^3} \frac{\operatorname{div}\mathbf{u}(\mathbf{y})}{|\mathbf{x}-\mathbf{y}|}\, dV(\mathbf{y}),$$
$$\omega(\mathbf{x}) = \frac{1}{4\pi}\iiint_{\mathbf{R}^3} \frac{\operatorname{rot}\mathbf{u}(\mathbf{y})}{|\mathbf{x}-\mathbf{y}|}\, dV(\mathbf{y}).$$

Aus diesen Darstellungen wird deutlich, warum $\lim_{|\mathbf{x}|\to\infty}\mathbf{u}(\mathbf{x}) = 0$ zu fordern ist.

Um die Eindeutigkeit zu zeigen, nehmen wir an, dass zwei weitere Felder ψ und $\mathbf{v}$ existieren, mit denen $\mathbf{u}$ in der Form

$$\mathbf{u} = -\operatorname{grad}\psi + \operatorname{rot}\mathbf{v}$$

dargestellt werden kann. Offenbar ergeben sich wieder zwei Poisson-Gleichungen:

$$\Delta\,\psi = -\operatorname{div}\mathbf{u}, \qquad \Delta\,\mathbf{v} = -\operatorname{rot}\mathbf{u}.$$

Daraus kann man nun zwei Laplace-Gleichungen erhalten:

$$\Delta\,(\mathbf{v}-\omega) = \mathbf{0}, \qquad \Delta\,(\psi-\varphi) = 0.$$

Mögliche Lösungen, die für $|\mathbf{x}| \to \infty$ verschwinden, sind $\mathbf{v}-\omega = \mathbf{0}$ und $\psi - \varphi = 0$. Da wir die Eindeutigkeit der Lösung der Laplace-Gleichung bereits gezeigt haben (siehe Folgerung 3.5), sind dies auch die einzigen Lösungen. Folglich ist die Darstellung von $\mathbf{u}$ durch Helmholtz-Potentiale eindeutig. ∎

Aufgaben

Die ausführlichen Lösungen zu allen Aufgaben sind auf der Internetseite *www.eagle-leipzig.de/guide-loesungen.htm* zu finden.

3.1. Beweise die Beziehungen aus Satz 3.8.

3.2. Gegeben sei der Zylinder

$$Z = \{(x_1, x_2, x_3)^T \in \mathbb{R}^3 ; x_1 = r\cos\varphi,\ x_2 = r\sin\varphi,\\ 0 \le \varphi < 2\pi, 0 \le r \le R, 0 \le x_3 \le h\}.$$

Berechne das Volumenintegral $J = \iiint_Z \exp(x_3)\, dV$ mit dem Satz von Gauß. (Lösung: $J = \pi R^2(e^h - 1)$.)

3.3. Gegeben seien das Möbius-Band M (siehe Abbildung 3.5)

$$\mathbf{x}(\psi,\varphi) = \begin{pmatrix} (2 + u\psi\cos\varphi)\cos 2\varphi \\ (2 + \psi\cos\varphi)\sin 2\varphi \\ \psi\sin\varphi \end{pmatrix}$$

mit $0 \le \psi \le 1$ und $0 \le \varphi < 2\pi$ sowie das Vektorfeld des magnetischen Wirbels

$$\mathbf{u} = \left(\frac{-y}{x^2+y^2}, \frac{x}{x^2+y^2}, 0\right)^T, \quad x^2 + y^2 > 0.$$

Man berechne $\iint_M \operatorname{rot}\mathbf{u} \cdot \mathbf{d\Gamma}$ und $\oint_{\partial M} \mathbf{u} \cdot \mathbf{dx}$. Warum ist der Satz von Stokes nicht anwendbar?

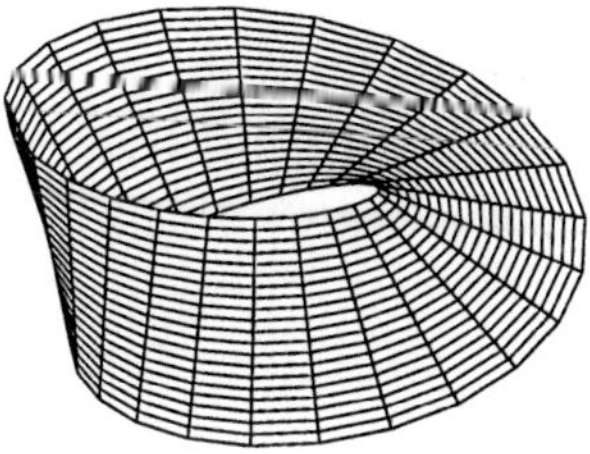

Abbildung 3.5

3.4. Gegeben seien ein radiales elektrisches Feld

$$\mathbf{E}(\mathbf{x}) = \frac{k\,\mathbf{x}}{|\mathbf{x}|^3}, \quad |\mathbf{x}| > 0\ , k = \text{const}\ ,$$

die Vollkugel $K_R(0) = \{\mathbf{x} \in \mathbb{R}^3\,;\, 0 \leq |\mathbf{x}| \leq R\}$ sowie die Halbkugelschale

$$H = \{\mathbf{x} \in \mathbb{R}^3\,;\, x_1 = r\cos\varphi\sin\psi,\ x_2 = r\sin\varphi\sin\psi,\\ x_3 = r\cos\psi,\ 0 < R_1 \leq r \leq R_2,\ 0 \leq \varphi < 2\pi,\\ 0 \leq \psi < \pi/2\}.$$

Berechne $\iint_{\partial K_R} \mathbf{E} \cdot d\mathbf{\Gamma}$ und $\iint_{\partial H} \mathbf{E} \cdot d\mathbf{\Gamma}$. Lässt sich in beiden Fällen der Satz von Gauß anwenden?

3.5. Gilt der Satz von Gauß auch für ein Vektorfeld mit Singularität, wenn man an der singulären Stelle das Volumenintegral als uneigentlich interpretiert? Zerlege dazu die Kugel $K_R(0)$ aus der vorhergehenden Aufgabe in zwei getrennte Gebiete

$$K_{R-\varepsilon} = \{\mathbf{x} \in \mathbb{R}^3\,;\ \varepsilon \leq |\mathbf{x}| \leq R\},\\ K_\varepsilon = \{\mathbf{x} \in \mathbb{R}^3\,;\ 0 \leq |\mathbf{x}| \leq \varepsilon\}$$

und berechne explizit die Ausdrücke

$$\iint\limits_{\partial K_R} \mathbf{E} \cdot d\mathbf{\Gamma} \quad \text{und} \quad \lim_{\varepsilon \to 0} \iiint\limits_{K_\varepsilon} \operatorname{div} \mathbf{E}\, dG + \lim_{\varepsilon \to 0} \iiint\limits_{K_{R-\varepsilon}} \operatorname{div} \mathbf{E}\, dG\,.$$

Dabei ist $\mathbf{E}$ das Vektorfeld aus Aufgabe 3.4. (Hinweis: Nutze die koordinatenunabhängige Formulierung der Divergenz.)

3.6. Es sei φ eine skalare Funktion, welche in einem Gebiet G die Laplace-Gleichung erfüllt, und deren Ableitung in Richtung der äußeren Flächennormalen auf dem Rand ∂G gegeben ist (Neumann-Problem):

$$\Delta\varphi = 0\,, \quad \nabla\varphi \cdot \mathbf{n}|_{\mathbf{x}\in\partial G} = h(\mathbf{x})\,.$$

Zeige, dass φ in G bis auf eine Konstante eindeutig bestimmt ist. (Hinweis: Nutze die 1. Greensche Formel.)

4 Anwendungen

4.1 Die Kontinuitätsgleichung der Hydrodynamik

Wir betrachten ein Fluid mit einer räumlich und zeitlich veränderlichen Dichte $\rho = \rho(\mathbf{x}, t)$. Dieses Fluid fließe durch ein beliebiges ortsfestes Volumen G, wobei es dieses Volumen vollständig einnehme. Zu einem Zeitpunkt t beträgt dann die Masse an Fluid innerhalb des Volumens

$$M(t) = \iiint_G \rho(\mathbf{x}, t)\, dG.$$

In der klassischen Mechanik, welche wir hier nicht verlassen werden, kann Masse weder gebildet noch vernichtet werden. Folglich ist jede zeitliche Änderung von M mit einem Zu- oder Abstrom des Fluids durch die Begrenzung des Volumens verbunden. Ist $\mathbf{u}(\mathbf{x}, t)$ das Geschwindigkeitsfeld des Fluids, so fließt je Zeiteinheit durch ein Oberflächenelement $d\Gamma$ von G ein Flüssigkeitsvolumen der Größe $\mathbf{u} \cdot \mathbf{n}\, d\Gamma$, wobei $\mathbf{n}$ den Einheitsvektor der Flächennormale an $d\Gamma$ darstellt. Gilt $\mathbf{u} \perp \mathbf{n}$, so fließt keine Flüssigkeit durch das Flächenelement. Im Falle von $\mathbf{u} \parallel \mathbf{n}$ ist der Fluss maximal. Da die Flächennormale konventionsgemäß nach außen zeigt, ist die Größe $\mathbf{u} \cdot \mathbf{n}\, d\Gamma$ positiv, wenn Flüssigkeit aus dem Volumen heraus fließt. Um nun die Massenerhaltung zu gewährleisten, muss die Änderung der Gesamtmasse gleich dem Fluss durch die Oberfläche des Volumens G sein. Also muss

$$\frac{dM}{dt} = \iiint_G \frac{\partial \rho(\mathbf{x}, t)}{\partial t}\, dG = -\iint_{\partial G} \rho\, \mathbf{u} \cdot \mathbf{d\Gamma}$$

gelten. Dies ist die *integrale oder globale Form der Kontinuitätsgleichung*. Sie beschreibt das Prinzip der Erhaltung der Masse bezüglich des gesamten Volumens. Mit dem Satz von Gauss ergibt sich daraus

$$\iiint_G \left[\frac{\partial \rho}{\partial t} + \operatorname{div}(\rho\,\mathbf{u})\right] dG = 0\,.$$

Nun erinnern wir uns daran, dass das Volumen G willkürlich gewählt war. Es könnte also durchaus infinitesimal klein sein und an einem beliebigen Ort innerhalb des Fluids liegen. Somit muss auch

$$\frac{\partial \rho}{\partial t} + \operatorname{div}(\rho\,\mathbf{u}) = 0$$

gelten. Dies ist die *differentielle oder lokale Form der Kontinuitätsgleichung*. Mit ihr lassen sich Aussagen an jedem einzelnen Punkt in der Flüssigkeit treffen.

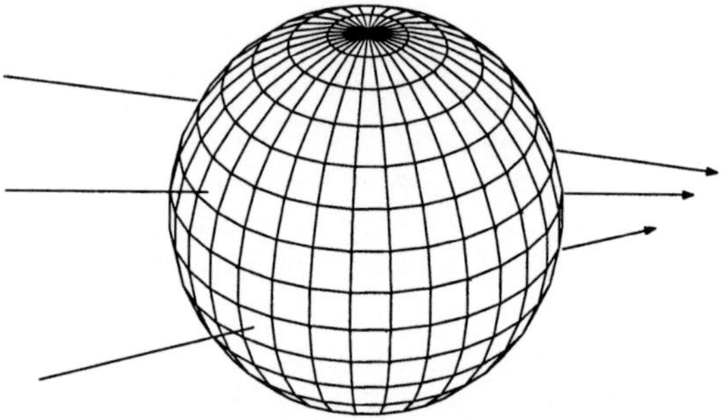

Abbildung 4.1

Ist eine Strömung *stationär*, also zeitunabhängig, dann ist $\frac{\partial \rho}{\partial t} = 0$ und somit $\operatorname{div}(\rho\,\mathbf{u}) = 0$. Für eine *inkompressible* Flüssigkeit gilt $\rho = \text{const}$, woraus sich ergibt, dass $\operatorname{div}(\rho\,\mathbf{u}) = \rho \operatorname{div}\mathbf{u}$ und damit $\operatorname{div}\mathbf{u} = 0$ gilt.

4.2 Die Maxwell-Gleichungen

Einen ähnlichen Status wie ihn die Newtonschen Axiome in der klassischen Mechanik erlangen, erreichen auch die unter dem Begriff Maxwell[1]-Gleichungen zusammengefassten Gesetze der Elektrodynamik. Auf ihrer Basis lassen sich viele Phänomene dieses Teilbereiches der theoretischen Physik beschreiben. Anhand der Maxwell-Gleichungen kann man die physikalische Bedeutung der grundlegenden Differentialoperatoren verdeutlichen sowie durch die Anwendung der Leibniz-Regeln interessante physikalische Phänomene ableiten. Aus diesem Grund sollen ihnen die folgenden Ausführungen gewidmet sein.

Die Maxwell-Gleichungen setzen die *magnetische Flussdichte* $\mathbf{B}$, die *elektrische Flussdichte* $\mathbf{D}$, die *magnetische Feldstärke* $\mathbf{H}$ und die *elektrische Feldstärke* $\mathbf{E}$ zu deren Quellen in Beziehung. Diese Quellen sind die *Ladungsdichte* ρ und die *elektrische Stromdichte* $\mathbf{j}$. Betrachten wir ein Gebiet G mit Oberfläche ∂G sowie eine Fläche S und deren Randkurve ∂S, so lauten die Maxwell-Gleichungen in integraler Form

$$\iint_{\partial G} \mathbf{D} \cdot \mathbf{d\Gamma} = \iiint_G \rho \, dG\,,$$

$$\iint_{\partial G} \mathbf{B} \cdot \mathbf{d\Gamma} = 0\,,$$

$$\oint_{\partial S} \mathbf{E} \cdot \mathbf{dx} = -\frac{\partial}{\partial t} \iint_S \mathbf{B} \cdot \mathbf{d\Gamma}\,,$$

$$\oint_{\partial S} \mathbf{H} \cdot \mathbf{dx} = \iint_S \mathbf{j} \cdot \mathbf{d\Gamma} + \frac{\partial}{\partial t} \iint_S \mathbf{D} \cdot \mathbf{d\Gamma}.$$

Der Reihe nach werden diese Gleichungen auch als *Coulombsches Gesetz*, *Gaußsches Gesetz des Magnetismus*, *Faradaysches Induktionsgesetz* und *Ampèresches Gesetz* bezeichnet. Ähnlich wie bei

[1] James Clerk Maxwell (1831–1879); als Professor für Naturphilosophie, Astronomie und Physik begründete er die elektromagnetische Lichttheorie und arbeitete an der kinetischen Gastheorie sowie an Problemen der Himmelsmechanik.

der Behandlung der Kontinuitätsgleichung lassen sich durch Anwendung der Sätze von Gauß und Stokes leicht differentielle Formen dieser Gleichungen gewinnen, wenn man annimmt, dass G und S zeitlich nicht veränderlich sind:

$$\operatorname{div} \mathbf{D} = \rho\,, \qquad \operatorname{div} \mathbf{B} = 0\,,$$

$$\operatorname{rot} \mathbf{E} = -\frac{\partial}{\partial t}\mathbf{B}\,, \qquad \operatorname{rot} \mathbf{H} = \mathbf{j} + \frac{\partial}{\partial t}\mathbf{D}.$$

Die differentiellen Formen der Maxwell-Gleichungen können physikalisch gut interpretiert werden. Das Coulombsche Gesetz, $\operatorname{div} \mathbf{D} = \rho$, sagt aus, dass die Quellen elektrischer Felder elektrische Ladungen sind. Ein Äquivalent zu elektrischen Ladungen für Magnetfelder gibt es gemäß der Gleichung $\operatorname{div} \mathbf{B} = 0$ bislang jedoch nicht. Aus dem Induktionsgesetz lernen wir, dass zeitlich veränderliche Magnetfelder elektrische Felder hervorrufen können. Schließlich besagt das Ampèresche Gesetz, dass davon auch die Umkehrung gilt, das heißt, zeitlich veränderliche elektrische Felder verursachen Magnetfelder.

An den Maxwell-Gleichungen fällt auf, dass von den zwei interessierenden Vektorfeldern jeweils nur die Divergenz und die Rotation bekannt ist. In Kapitel 3 haben wir durch den Beweis des Helmholtz-Theorems gezeigt, dass unter gewissen Bedingungen diese Größen jedoch ausreichen, um $\mathbf{E}$ und $\mathbf{B}$ vollständig zu charakterisieren.

In vielen Medien bestehen zwischen $\mathbf{D}$ und $\mathbf{E}$ sowie zwischen $\mathbf{B}$ und $\mathbf{H}$ die folgenden einfachen Zusammenhänge:

$$\mathbf{D} = \varepsilon_r \varepsilon_0 \mathbf{E} = \varepsilon \mathbf{E}, \qquad \mathbf{B} = \mu_r \mu_0 \mathbf{H} = \mu \mathbf{H}.$$

Dabei sind $\varepsilon_0 = 8.854 \cdot 10^{-12} C^2 \cdot N^{-1} \cdot m^{-1}$ und $\mu_0 = 4\pi \cdot 10^{-7} V \cdot s \cdot A^{-1} \cdot m^{-1}$. Die Zahlen μ_r und ε_r sind stoffabhängige Parameter. Außerdem liefert das *Ohmsche Gesetz*, $\mathbf{j} = \sigma \mathbf{E}$, häufig einen ausreichend genauen Zusammenhang zwischen der elektrischen Feldstärke und der elektrischen Stromdichte. Der Parameter σ wird *elektrische Leitfähigkeit* genannt.

Wir wenden auf das Induktionsgesetz die Rotation an und erhalten:

$$\operatorname{rot}\operatorname{rot}\mathbf{E} = -\frac{\partial}{\partial t}\operatorname{rot}\mathbf{B} = -\sigma\mu\frac{\partial}{\partial t}\mathbf{E} - \mu\varepsilon\frac{\partial^2}{\partial t^2}\mathbf{E}.$$

Andererseits gilt

$$\operatorname{rot}\operatorname{rot}\mathbf{E} = \operatorname{grad}\operatorname{div}\mathbf{E} - \Delta\,\mathbf{E} = \operatorname{grad}\frac{\rho}{\varepsilon} - \Delta\mathbf{E}.$$

Kombiniert man beide Gleichungen, so ergibt sich

$$\Delta\,\mathbf{E} = \left(\sigma\mu\frac{\partial}{\partial t} + \mu\varepsilon\frac{\partial^2}{\partial t^2}\right)\mathbf{E} + \operatorname{grad}\frac{\rho}{\varepsilon}.$$

Diese Gleichung wird *Telegrafengleichung* genannt. Sind Anfangs- und Randbedingungen bekannt, so beschreibt sie das elektrische Feld vollständig in Abhängigkeit vorhandener Ladungen sowie den Parametern μ_r, ε_r und σ.

Bildet man die Rotation des Ampèreschen Gesetzes, so kann man eine ähnliche Gleichung für die magnetische Flussdichte $\mathbf{B}$ erhalten:

$$\Delta\,\mathbf{B} = \left(\mu\sigma\frac{\partial}{\partial t} + \mu\varepsilon\frac{\partial^2}{\partial t^2}\right)\mathbf{B}.$$

In Abhängigkeit von den physikalischen Eigenschaften des Mediums, in welchem wir die zeitliche Entwicklung der Felder $\mathbf{E}$ und $\mathbf{B}$ betrachten, ergeben sich interessante Spezialfälle der obigen Gleichungen:

1. Spezialfall: Das Medium sei ladungsfrei, d.h. $\rho = 0$. Zudem soll die Leitfähigkeit σ bedeutend größer sein als ε. Dann können in den Gleichungen für $\mathbf{E}$ und $\mathbf{B}$ die doppelten Zeitableitungen vernachlässigt werden. Die resultierenden Beziehungen sind

$$\Delta\,\mathbf{E} = \mu\sigma\frac{\partial}{\partial t}\mathbf{E} \quad \text{und} \quad \Delta\,\mathbf{B} = \mu\sigma\frac{\partial}{\partial t}\mathbf{B}.$$

Generell werden partielle Differentialgleichungen dieser Form als *Diffusionsgleichungen* bezeichnet. Explizite Lösungen dieser Gleichungen lassen sich nur in einfachen Fällen finden (Aufgabe 4.4).

2. Spezialfall: Das betrachtete Medium sei ladungsfrei und besitze keine Leitfähigkeit, d.h. $\sigma = 0$. Die resultierenden Gleichungen

$$\Delta\,\mathbf{E} = \frac{1}{v^2}\frac{\partial^2}{\partial t^2}\mathbf{E} \quad \text{und} \quad \Delta\,\mathbf{B} = \frac{1}{v^2}\frac{\partial^2}{\partial t^2}\mathbf{B}$$

werden als *Wellengleichungen* bezeichnet. Ihre Lösungen sind elektromagnetische Wellen, welche uns zum Beispiel als Licht oder Wärmestrahlung begegnen. Die Zahl $v = \frac{1}{\sqrt{\mu\varepsilon}}$ ist genau der Betrag der Ausbreitungsgeschwindigkeit der Welle. Im Vakuum ist $v = c$ die Lichtgeschwindigkeit.

Aufgaben

Die ausführlichen Lösungen zu allen Aufgaben sind auf der Internetseite *www.eagle-leipzig.de/guide-loesungen.htm* zu finden.

4.1. Zeige, dass aus den Maxwell-Gleichungen die Kontinuitätsgleichung $\operatorname{div}\mathbf{j} + \frac{\partial\rho}{\partial t} = 0$ folgt.

4.2. Der Anteil des $\mathbf{E}$ -Feldes an einer zirkular polarisierten elektromagnetischen Welle sei gegeben durch

$$\mathbf{E}(x,t) = \sin(kx - \omega t)\,\mathbf{e}_y + \cos(kx - \omega t)\,\mathbf{e}_z.$$

Finde die *Dispersionsrelation* $k = k(\omega)$ so, dass $\mathbf{E} = \mathbf{E}(x,t)$ die Wellengleichung erfüllt.

4.3. Laut den Maxwell-Gleichungen erzeugt das zeitlich veränderliche elektrische Feld aus Aufgabe 4.2 ein Magnetfeld. Berechne dieses mit dem Ampèreschen Gesetz. Wie ist das $\mathbf{B}$-Feld bezüglich dem $\mathbf{E}$-Feld orientiert?

4.4. Sei f eine integrierbare Funktion. Man zeige, dass die Funktion

$$E(x,t) = \int_{-\infty}^{\infty} f(k)\mathrm{e}^{-\frac{k^2 t}{\mu\sigma}}\mathrm{e}^{ikx}\,dk$$

die skalare Diffusionsgleichung

$$\frac{\partial^2}{\partial x^2}E = \mu\sigma\frac{\partial}{\partial t}E$$

erfüllt, wobei $i = \sqrt{-1}$ ist. Wie verhält sich die Lösung für $t \to \infty$?

Literaturverzeichnis

[1] Bucherer, H.: *Elemente der Vektoranalysis mit Beispielen aus der theoretischen Physik*. Leipzig: Teubner 1903.

[2] Burali-Forti, C., Marcolongo, R.: *Elementi di calcolo vettoriale con numerose applicazioni alla geometria, alla meccanica e alla Fisica-Matematica*. Bologna 1909.

[3] Crowe, M. C.: *A history of vector analysis*. 3. Auflage. Dover Public. Inc. New York 1967.

[4] Gans, R.: *Einführung in die Vektoranalysis mit Anwendungen auf die mathematische Physik*. Leipzig: Teubner 1905.

[5] Lotze, A.: *Vektor- und Affinor-Analysis*. München: Oldenbourg 1950.

[6] Meyberg, K. und Vachenauer, P.: *Höhere Mathematik 1*. 6. Auflage. Berlin: Springer 2001.

[7] Trostel, R.: *Vektor- und Tensoranalysis*. Braunschweig: Vieweg 1997.

Index

Additionstheoreme, 16

bilineare Produkte, 13

Clifford-Produkt, 13

Determinantenformel, Kreuzprodukt, 20
Differentialoperatoren, 36
Diffusionsgleichung, 75
Dirichlet-Problem, 61
Distributivität des Skalarprodukts, 14
Divergenz, 38
Divisionsproblem, 17

Einheitsvektor, 10
Entwicklungsformel, doppeltes Kreuzprodukt, 24

Fluss, 40
freier Vektor, 9

Gauß, Satz von, 58
Geradengleichung, 13
Gradient, 37
Green, Satz von, 62
Greensche Formeln, 60

harmonische Funktion, 56
Helmholtz-Potentiale, 67
Helmholtz-Theorem, 67
Homogenität des Skalarprodukts, 14

kartesische Basis, 15
Kathetensatz, 16
konjugiertes Quaternion, 18
konservatives Feld, 59
Kontinuitätsgleichung, 71
kontravariante Basis, 33
Koordinatenschreibweise, 17
kovariante Basis, 33
Kreuzprodukt, 18
Kronecker-Symbol, 15
krummlinige orthogonale Koordinaten, 36
Kugelkoordinaten, 35

Laplace-Operator, 52
Leibniz-Regeln, 50
linear abhängig, 12
linear unabhängig, 12
lokal gebundener Vektor, 9
lokale Basis, 32

Maxwell-Gleichungen, 73
Meridian, 35
multilineare Produkte, 21

Nabla-Operator, 49
Neumann-Problem, 70
Newtonsches Volumenpotential, 67

nichtorthogonale Zerlegung, 26
Niveauflächen, 38

orthogonale Zerlegung, 26
Ortsvektor, 9, 32

Polwinkel, 35
Potential, 59

Quaternion, 17
Quaternionenprodukt, 18
Quellergiebigkeit, 39

Regel des doppelten Faktors, 25
reziproke Basis, 32
Rotation, 42

Skalar, 9
Skalarprodukt, 13
Skalarteil eines Quaternions, 17
Spatprodukt, 22
sphärischer Kosinussatz, 27
sphärischer Sinus-Kosinus-Satz, 28
sphärischer Sinussatz, 29
sphärisches Dreieck, 27
Stokes, Satz von, 61
Summenidentität, 24

Telegrafengleichung, 75

Vektoren, 9
Vektorteil eines Quaternions, 17

Wegunabhängigkeit, 60
Wellengleichung, 76
Wirbeldichte, 42

Zirkulation, 44
zyklische Indizes, 40
Zylinderkoordinaten, 34